智能制造系列教材

5G+机器视觉实践与应用

周才健　陈慧鹏　屠宇飞　方　炜　江　涛　编著

電子工業出版社
Publishing House of Electronics Industry
北京·BEIJING

内 容 简 介

本书通过 5G 技术、人工智能、机器视觉、智能制造等相关技术介绍与实战应用，助力大专院校拓宽与完善智能制造专业教育内容，推动智能制造在 5G 通信、边缘计算、人工智能、机器人、机器视觉等学科专业教育中的交叉融合，建立基于 5G 的智能制造实验室及课程体系，培养高素质智能制造应用型人才，提高学生的实践创新能力和就业竞争力。

本书是高校、中国移动、华为及汇萃智能等多家单位的专家教授长期从事人工智能、智能制造研发，特别是近年来在 5G 前沿技术的积累与智能制造产业融合的经验总结，汇集作者参与的实际应用案例。可作为高等院校相关专业学生的教材，也可以作为相关企业的培训教材和工程技术人员的参考书。

图书在版编目（CIP）数据

5G+机器视觉实践与应用 / 周才健等编著. —北京：电子工业出版社，2021.12

ISBN 978-7-121-42398-7

Ⅰ. ①5… Ⅱ. ①周… Ⅲ. ①第五代移动通信系统－高等学校－教材 Ⅳ. ①TN929.53

中国版本图书馆 CIP 数据核字（2021）第 240847 号

责任编辑：韩同平
印　　刷：大厂聚鑫印刷有限责任公司
装　　订：大厂聚鑫印刷有限责任公司
出版发行：电子工业出版社
　　　　　北京市海淀区万寿路 173 信箱　邮编：100036
开　　本：787×1092　1/16　印张：8.75　字数：224 千字
版　　次：2021 年 12 月第 1 版
印　　次：2021 年 12 月第 1 次印刷
定　　价：49.90 元

凡所购买电子工业出版社图书有缺损问题，请向购买书店调换。若书店售缺，请与本社发行部联系，联系及邮购电话：（010）88254888，88258888。

质量投诉请发邮件至 zlts@phei.com.cn，盗版侵权举报请发邮件至 dbqq@phei.com.cn。
本书咨询联系方式：（010）88254525，hantp@phei.com.cn。

前　言

制造业是现代工业的基石，随着 5G 技术、人工智能、机器视觉技术等重要领域和前沿方向的革命性突破和交叉融合，正在引发新一轮产业变革。为应对新一轮科技革命和产业变革的挑战，推进智能制造的发展，中国发布了《中国制造 2025》，全面推进制造强国战略。该战略以“创新驱动、质量为先、绿色发展、结构优化、人才为本”为基本方针，以“工业化和信息化深度融合、智能制造”为主线。为服务国家创新驱动发展和制造强国建设等重大战略实施，加快工程教育改革创新，需要培养一大批懂得 5G 通信技术、移动边缘计算（Mobile Edge Computing，MEC）、网络切片（Network Slicing，NS）、机器人、人工智能（Artificial Intelligence，AI）、机器视觉技术的综合应用型科技人才来支撑智能制造产业转型升级。

5G 网络相比以前的 WIFI 或 4G 网络具备了更多优势，例如低时延、高可靠性、高速率、更高的带宽、移动性、灵活性，更简单的网络管理。作为新一代无线通信技术，5G 技术的迅猛发展切合了传统制造企业在智能制造转型过程中对无线网络的应用需求，其具备的高带宽、低时延的特性，能更好地满足工业环境下的设备互联和远程交互等应用需求，并且为边缘计算等能力提供更好的网络支持，为企业构建统一的无线网络提供了可能。

本书几位作者来自高校、中国移动、华为及汇萃智能，分别为通信、电信运营、机器视觉行业的佼佼者，为这一领域有较深理论造诣的教授和富有实战经验的高级工程师。几位作者有过多年深层次的合作，包括推出全球首套“5G+机器视觉”解决方案，并在海尔智能工厂成功落地，获得 2019 年中国“绽放杯”大赛一等奖。本书依托多家单位在 5G 前沿技术的积累与智能制造产业融合的优势，汇集作者参与的实际应用案例，内容涉及 5G 技术及应用、人工智能、机器视觉、智能制造、基于 5G MEC 创新应用。最后配备 5G 智能制造实验指导书。

本书通过 5G 技术、人工智能、机器视觉、智能制造等相关技术介绍与实战应用以及配套装备，助力大专院校在原有基础上拓宽与完善智能制造专业教育内容，推动智能制造在 5G 通信、边缘计算、人工智能、机器人、机器视觉等学科专业教育中的交叉融合，建立基于 5G 的课程体系及智能制造实验室实验教材，培养更多高素质智能制造应用型人才，提高学生的实践创新能力，提升相关专业学生的未来就业竞争力。本书可作为高等院校相关专业学生的教材，也可以作为相关企业的培训教材和工程技术人员的参考书。

本书的撰写得到了中国移动、华为技术有限公司，以及杭州电子科技大学等相关专家、教授的关心与帮助，在此深表谢意。

由于作者的时间和水平有限，书中难免有不当之处，敬请读者批评指正。

作者联系邮箱：zjlhzz@163.com

编著者

于杭州

目　　录

第 1 章　移动通信发展

1.1　引　　言

在古代，人类通过驿站、飞鸽传书、烽火报警等方式进行信息传递，这就是最开始的通信。随着科学技术的发展，相继出现了无线电、固定电话、移动电话、甚至视频电话等各种通信方式。公共移动通信系统诞生于 20 世纪 70 年代后期。从 20 世纪 70 年代的第一代移动通信系统（1G）到当前的第五代移动通信系统（5G），移动通信技术的发展，已有 40 多年的历史。每一代移动通信的诞生，都深刻地改变着整个社会的发展，既是一段科技的进化史，又是一次又一次的国家之间的博弈。

1.1.1　1G：百家争鸣

1978 年底，美国贝尔实验室研制成功了全球第一个被称为先进移动电话系统（AMPS，Advanced Mobile Phone System）的公共移动通信系统。随后几年，摩托罗拉公司便开始在全美进行推广和商用，并且获得了巨大的成功。同一时期，欧洲各国和日韩等国也开始制定并推出自己的移动通信标准。这一时期，移动通信标准出现了百家争鸣的局面。此时全球移动通信标准有：美国的先进移动电话系统（AMPS）、英国的全接入通信系统（TACS）、日本的 JTAGS、西德的 C-Netz、法国的 Radiocom 2000、意大利的 RTMI。

第一代移动通信系统（1G）主要采用模拟通信和频分多址接入技术（FDMA），由于采用的是模拟技术，1G 的系统容量十分有限。此外，安全性和干扰也存在较大的问题。如图 1-1 所示。

图 1-1　1G 采用模拟信号传输，存在信号不稳定、涵盖范围不全面等缺点

中国的 1G 于 1987 年 11 月 18 日在广东第六届全运会上开通并正式商用，采用的是英国 TACS 制式。移动通信业务一经面世，就受到广大用户的欢迎。但高昂的终端价格和入网费，让普通老百姓望而却步。当时一部手机（俗称“大哥大”）的价格在人民币 2 万元以上，入网费高达 6000 元，且每分钟通话的资费也要 0.5 元，让当年的普通老百姓难以消费。此外由于各个国家各自为政，缺少一个统一的专业国际组织来规划全球移动通信的发展，使得 1G 没有一个统一的国际技术标准，这导致国际漫游成为一个非常突出的问题。

从中国电信 1987 年 11 月开始运营模拟移动电话业务到 2001 年 12 月中国移动关闭模拟移动通信网，1G 在中国的应用长达 14 年，用户数最高曾达到了 660 万。如今，1G 时代那像砖头一样的手持终端——大哥大，已经成为了很多人的回忆。

尽管 1G 存在着许多的不足和问题，但是它的出现可以算是人类通信史的一个里程碑，宣告人类移动无线通信史的开始，也为之后 2G、3G、4G、5G 的发展奠定了基础。

1.1.2 2G：数字通信的开始

20 世纪 80 年代以后，随着微电子技术的迅速发展，使得数字通信在移动通信中的应用成为可能。技术的创新带来的是标准的制定，在认识到 1G 时代各种标准所带来的通信不兼容问题之后，1982 年“移动通信特别行动小组（Group Special for Mobile，简称 GSM）”在欧洲邮政和电信会议（CEPT）上成立，用于制定第二代移动通信（2G）标准，并在 1992 年推出第二代移动通信标准 GSM（全球移动通信系统，Global system of Mobile），并在全球得到广泛应用，成为全球主流的 2G 通信标准。

与 1G 相比，2G 采用了数字通信技术，提供了更高的网络容量，改善了语音质量和保密性。GSM 主要采用的是数字时分多址（TDMA）技术，主要提供数字化的语音业务及低速数据业务。它克服了模拟移动通信系统的弱点，语音质量、保密性能得到很大的提高，并可进行省内、省际自动漫游。图 1-2 给出了第一款 WAP 上网的 GSM 手机。

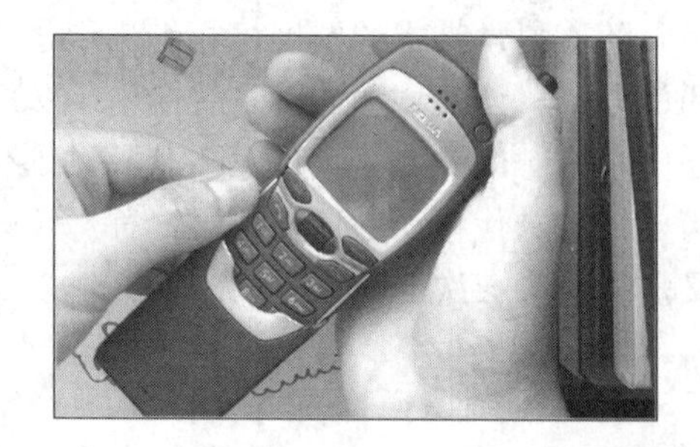

图 1-2　第一款 WAP 的 GSM 手机——诺基亚 7110，标志手机上网时代开始

除了 GSM 外，第二代移动通信标准还有北美于 1992 年推出的基于窄带 CDMA 技术的 IS-95，但由于窄带 CDMA 技术成熟较晚，标准化程度较低，在全球的市场规模远不如 GSM 系统。此外还有日本所推出的独特的 PDC（日本数字蜂窝系统）通信标准，然而由于市场规模的限制，未能在日本之外国家和地区得到推广应用。

2G 时代，我国主要采用欧洲的 GSM 标准和北美的 CDMA 标准。从 1995 年开始建设 GSM 网络，到 1999 年底已覆盖全国 31 个省会城市、300 多个地市，到 2000 年 3 月全国 GSM 用户数已突破 5000 万，并实现了与近 60 个国家与地区的国际漫游业务。我国从 1996 年开始，原中国电信长城网在 4 个城市进行 800MHz CDMA 的商用试验。为了适应我国移动通信市场的迅猛发展，1999 年 4 月，国务院批准中国联通统一负责中国 CDMA 网络的建设、经营和管理。2000 年 9 月，国家计划委员会、信息产业部下发了《关于启动 CDMA 移动通信网络建设有关事项的通知》，中国联通 CDMA 网络建设计划正式启动。

1.1.3 3G：三种标准的角逐

与 TDMA 相比，CDMA 技术具有容量大、覆盖好、话音质量好、辐射小等优点。因此，第三代移动通信（3G）采用了码分多址接入（CDMA）技术。由于美国高通公司在 CDMA 上拥有大量的专利，并以此收取高额的专利费用，因此，欧洲在 1998 年牵头成立了 3GPP 组织，以此在全球范围内推动其所制定的 3G 技术标准 WCDMA,并回避高通（Qualcom）公司专利限制。见此情形，美国也不甘示弱，于 1999 年在高通公司的领头下成立了 3GPP2，并凭借美国的力量与 WCDMA 抗衡，致力于推广自家的 CDMA2000。

1999 年 6 月，中国无线通信标准研究组（CWTS）在韩国正式签字同时加入 3GPP 和 3GPP2，成为这两个当前主要负责第三代伙伴项目的组织伙伴。在此之前，我国是以观察员的身份参与这两个伙伴的标准化活动的。

1999 年 11 月，在芬兰赫尔辛基 ITU 第 18 次会议上，由我国主导提出的 TD-SCDMA 进入 ITU TG8/1 文件 IMT_RSPC 最终稿，成为 ITU/3G 候选方案。

1999 年 12 月，ITU 正式宣布 3G 的三个标准：欧标的 WCDMA、美标的 CDMA2000、中标的 TD-SCDMA。TD-SCDMA 正式被 ITU 接纳成为 3G 标准之一，这是百年来中国电信发展史上的重大突破。

为了更加有利于 CDMA 的发展及中国电信移动业务的开展，2008 年 9 月 28 日，中国联通与中国电信联合发布公告，CDMA 业务的经营主体由中国联通变更为中国电信。中国电信重新拿到了移动业务牌照。

我国在 3G 标准的使用中，中国移动使用 TD-SCDMA、中国联通使用 WCDMA、中国电信使用 CDMA2000。

与 2G 相比，3G 可支持高达 2Mb/s 的数据传输速率，可提供移动多媒体业务。如图 1-3 所示。

图 1-3　与 2G 相比，3G 最吸引人们眼球的是高达 2Mb/s 的数据传输速度

1.1.4　4G：改变生活

第四代移动通信（4G）技术就是 LTE（Long Term Evolution，长期演进）技术，移动无线通信技术可以说在 4G 时代得到了相对的统一，该技术包括采用时分双工（TDD）的 TD-LTE 和采用频分双工（FDD）的 FDD-LTE 两种制式，两种制式除了双工方式存在差异外，其余基本没有区别。两种制式也各有优劣，在应用过程中，FDD 主要用于大范围的覆盖，TDD 主要用于数据业务。

相比于 3G，4G 运用了全新的多址技术——OFDM，可以实现更多用户接入和更高的频谱利用率。并且通过使用全新的编码和调制技术、智能天线技术、MIMO 技术，大大提高了数据的传输速率。在网络架构上，网络变得更加的扁平化和 IP 化，在提高网络速度和降低传输时延的同时，也为发展和提供新的业务和服务提供便捷的手段。见图 1-4。

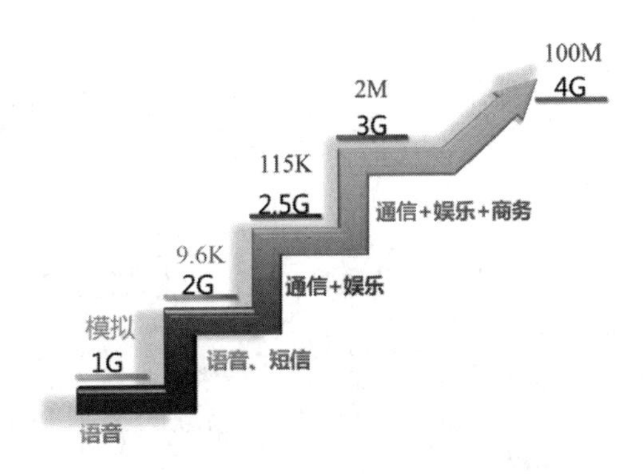

图 1-4　4G 系统能够以 100 Mbps 的速率下载，与前几代相比，速率提升非常明显

4G 国际标准工作历时三年。从 2009 年初开始，ITU 在全世界范围内征集 IMT-Advanced 候选技术。2009 年 10 月，ITU 共计征集到了六个

候选技术，分别来自北美标准化组织 IEEE 的 802.16m、日本 3GPP 的 FDD-LTE-Advance、韩国（基于 802.16m）和中国（TD-LTE-Advanced）、欧洲标准化组织 3GPP（FDD-LTE-Advance）。

4G 国际标准公布有两项标准，一项是 LTE-Advance 的 FDD 部分（简称 FDD-LTE）和中国提交的 TD-LTE-Advanced 的 TDD 部分（简称 TD-LTE），均基于 3GPP 的 LTE-Advance。另一类是基于 IEEE 802.16m 的 WiMAX 技术。在此次会议上，TD-LTE 正式被确定为 4G 国际标准，也标志着中国在移动通信标准制定领域再次走到了世界前列，为 TD-LTE 产业的后续发展及国际化提供了重要基础。

1.2 什么是 5G

第五代移动通信技术（5G）相比于前几代移动通信技术，其主要特点是波长为毫米级、超大带宽、超高速率、超低时延。1G 实现了模拟语音通信，大哥大没有屏幕只能打电话；2G 实现了语音通信数字化，手机有了小屏幕可以发短信了；3G 实现了语音以外图片等的多媒体通信，屏幕变大可以看图片了；4G 实现了局域高速上网，大屏智能机可以看短视频了。从 1G 到 4G 都是着眼于人与人之间更方便快捷的通信，而 5G 除实现随时随地“人-人”之间的各类多媒体通信外，为“人-网-物”三个维度的万物互联提供了有效可靠的网络支撑！让人类敢于期待与地球上的万物通过直播的方式无时差同步参与其中。

2012 年全球主要国家和区域纷纷启动 5G 移动通信技术需求和技术研究工作。同期国际电信联盟（ITU）启动了一系列 5G 工作，如 5G 愿景、需求、评估方法等，并于 2015 年 6 月定义了未来 5G 三大类应用场景，分别是增强型移动互联网业务 eMBB、海量连接的物联网业务 mMTC 和超高可靠性与超低时延业务 uRLLC，并从吞吐率、时延、连接密度和频谱效率提升等 8 个维度定义了对 5G 网络的能力要求。图 1-5 给出了 5G 关键技术指标。

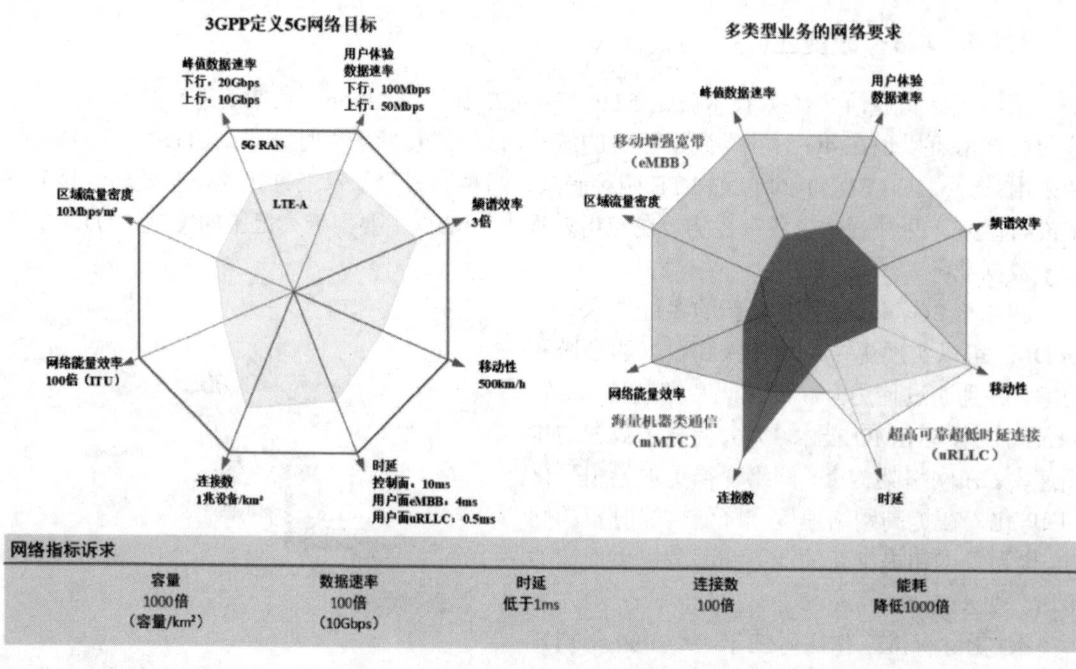

图 1-5　5G 关键技术指标

2017年12月，3GPP公布了第一版5G NSA组网标准，2018年又公布了5G SA组网标准，并预计于2020年正式完成5G所有标准的制定。标准的公布加快了5G商用的步伐。在5G的eMBB场景下，Polar成为信令信道编码方案，LDPC成为数据信道编码方案，打破了欧美特别是美国企业在通信技术上的垄断，体现了中国通信在国际上被认可，地位得到提升，和当年3G、4G时代相比已经大为不同。

5G的出现推动了物联网的发展，使得万物互联成为了可能，生活中的各种物体都将成为网络中的一部分。这是一种足以改变社会发展的技术，在5G的全连接下，未来生活将会发生翻天覆地的变化，并将变得多姿多彩。2019年是5G商用的元年，5G的竞争已经悄然开始。

1.3 5G的标准之争

4G时代LTE一统江湖，3GPP开始完全主导5G标准。3GPP定义的5G标准是峰值速率高达20Gbps，用户面时延要低至0.5ms（URLLC），峰值速率是LTE的20倍，时延是LTE的1/10，其中最难实现的是低时延。目前业界对于5G的攻克主要体现在速率上。

实现更高的速率主要有两种方法，其一是增加频谱利用率，其二是增加频谱带宽。在2G到4G的发展过程中，从TDMA（时分多址）到CDMA（码分多址）再到OFDMA（正交频分多址），均增加了信道容量。但是到了5G，用的还是OFDM技术，所以容量的提升要大大增加频谱带宽。4G时代，中国移动TD-LTE的最高频率为2635MHz，频宽为130MHz，相比之下，3GPP将5G的频段分成了两个范围：频段1（FR1）为450～6000MHz，频段2（FR2）为24250～52600MHz，这显然不是一个量级的。5G频率如此之高，速率自然能够得到大幅度提升。但是根据“光速=波长×频率”公式，频率越高，波长就越短，5G波长可以短至毫米级，也就是我们说的毫米波，覆盖范围会比4G小得多。

“信息论之父”克劳德·香农在1948年提出了著名的香农极限，即在给定带宽上以一定质量可靠地传输信息的最大速率，信道编码技术可以实现无限接近但不能超过这一速率。几十年来，信道编码技术经过几代人的努力，已经越来越接近香农极限。1991年法国人发明的Turbo码被认为是第一个接近香农极限的编码方案，1999年3GPP采用Turbo码作为3G UMTS系统的信道编码。这时候，另一种信道编码技术LDPC码进入了学术界的视野，它是MIT的Robert Gallager在1962年的博士毕业论文中提出的。但是由于计算能力的不足，缺乏可行的译码算法，长时间被人们所忽略。到了1996年，有研究表明，采用LDPC长码可以达到Turbo码的性能，随后学术界对LDPC投入了大量的关注，对编码矩阵构造、译码算法优化等关键技术展开研究。其中，高通公司对LDPC的发展有着不小的贡献。近二十年来，LDPC码被广泛应用于深空探测，卫星和地面数字电视、WiFi，以及HDD、SSD存储系统等，当年WiMAX也采用了LDPC码。其实2006年在确立4G标准时，就有人提出了编码应该用LDPC码取代Turbo码，但是通信标准从来就不是技术之争，Turbo码是欧洲人提出的，在欧洲主导的4G标准中当然只能用Turbo码。

前两年在制定5G标准时，欧洲（主要是法国电信、爱立信）主张5G还用Turbo码。但在5G时代，Turbo解码复杂的缺点就暴露了出来，所以要选择解码速度快时延低的方案，降低对硬件的要求，LDPC被认为是一个好的选择。本来LDPC是5G编码的唯一选择，高通也可以借此扬眉吐气了，但是美国人没有想到的是，华为搞出了Polar码，被认为是迄今为止唯一能够达到香农极限的编码方法。

华为的 Polar 码在 2007 年由 Erdal Arikan 教授提出。Erdal Arikan，1958 年出生，1985 年获麻省理工学院（MIT）博士学位，师从 Robert Gallager 教授。1982 年，Erdal Arikan 开始研究多址信道的时序译码。2007 年，Erdal Arikan 发现信道极化现象及极化码。极化码能够大大提高 5G 编码性能，降低译码复杂度和接收终端功耗，迅速获得了业界认可，Erdal Arikan 因此被称为“Polar 码之父”。2009 年，Erdal Arikan 关于 Polar 码的论文在 IEEE 正式发表，开始引起通信领域的关注。那一年，华为开始 5G 研究，他们发现了 Polar 码有作为优秀信道编码技术的潜力。从 2010 年开始，华为做了非常多的试验和试用研究，华为在 2013 年 11 月 6 日宣布将在 2018 年前投资 6 亿美元对 5G 的技术进行研发与创新，截至目前，华为 5G 基本专利数量占世界 27%左右，排第一位。其实中国与美欧在编码上提出各自的方案，说白了就是专利之争，欧洲在 Turbo 码上专利最多，所以无论如何也要保住 Turbo 码，但是由于技术缺陷已经没什么竞争力。而高通和华为，虽然在 LDPC 码和 Polar 码都有技术积累，但是高通 LDPC 码专利更多，华为反之，所以支持哪个方案不难做出决定。在这样的背景下，2016 年 3GPP 召开了三次决定 5G 编码的会议，中国与美欧提出了各自的方案，果然 Turbo 码因为反对的人最多而最先被淘汰。在 Turbo 码彻底没戏后，欧洲公司开始站队 LDPC 码，原因是他们有更多的 LDPC 码专利，5G 标准之争从中国与美欧三国杀演变成了中国和美欧的对峙。在 3GPP 的 RAN1#86 会议上，关于 5G eMMB 场景该采用何种数据信道编码方案，LDPC 阵营和 Polar 阵营争得不可开交。高通阵营提出 LDPC 作为编码唯一方案，华为阵营提出 Polar 作为编码唯一方案，而欧洲提出的是 LDPC+Turbo 组合方案，实际上天平已经倒向 LDPC 了。高通和华为阵营互不妥协，这次会议什么也没讨论出来，只能择日再议。几个月后，由中兴牵头提出了一个折中方案，以数据信道数据块大小分为长码块和短码块，其中数据信道长码块用 LDPC 码，数据信道短码块用 Polar 码。这样一来，就已经注定了 LDPC 在长码上的胜利。2016 年 11 月 RAN1#87 会议讨论了数据信道的短码和控制信道编码用 LDPC 还是 Polar，之前支持 Turbo 的欧洲阵营转头支持了 LDPC，因此在数据信道短码上 LDPC 再下一城。但是考虑到华为的强硬态度，高通阵营提议控制信道用 Polar 码的建议，经过激烈的争论，华为阵营同意短码用 LDPC，控制信道用 Polar 码。极化码顺利成为 3GPP 5G NR 控制信道编码。自此，在 5G eMBB 场景上，Polar 码和 LDPC 码二分天下。

然而 5G 之争才刚刚开始，在 5G 的三大场景中只确定了 eMBB 场景的编码方案，URLLC、mMTC 场景的标准仍待确定，最终鹿死谁手依然不好说。所以美国对中国的警惕一直没有放松，从 1G 到 4G，美国、欧洲的利益从未如此统一过，面对强大的对手，美国、欧洲终于在 5G 时代站到了一起。

1.4　5G 的三大特性

5G 为了支撑未来三大应用场景，定义了三大特性，分别是 eMBB 增强型移动带宽、uRLLC 高可靠低时延、mMTC 大规模机器通信。

1.4.1　eMBB 增强型移动带宽

这个特性是人们最容易体会到的，很多传统媒体和自媒体博主都在做相关视频解说，比如 1GB 的视频十几秒就能下载完成，比如 5G 手机一瞬间就能下载几十个 App 软件。而对于前面所说的高密度人群场所，5G 也能更好地为每个人提供带宽。

当然还有更多的应用场景，比如我们在商店看到的 VR 项目，大多数都是用户坐着不动或者慢速移动下进行的，而且 VR 眼镜要带上传输线很麻烦。因为 5G 网络拥有大带宽的特性，所以可以实现 VR 眼镜的无线化，并将整个画面的渲染能力和计算能力交给远端处理，进一步降低 VR 眼镜的计算能力和成本，从而进行更好的普及。

1.4.2 uRLLC 高可靠低时延

低时延对于很多应用场景都是刚需，尤其是自动驾驶和智能医疗行业。我们都知道安全是自动驾驶的核心，虽然现阶段能达到 95%的安全性，但这还远远达不到商用化的要求，起码要达到 99.999%的安全系数甚至更高，那么剩下的 5%就需要毫秒级的时延响应提高整体安全性。比如当无人驾驶汽车上路时系统会实时监测道路状况，当前往异常方向时需要及时进行应急响应，对于时延的要求也是几毫秒，如果时延是秒级可能来不及反应就出事故了。

另一个比较受关注的行业就是智能医疗行业，未来人们在进行远程医疗时需要极低的时延控制手术刀移动，比如人的血管厚度为 0.2ms，在 4G 网络下手术刀因时延就会造成 0.5cm 左右的移动，这是非常危险的。而 5G 网络的时延在 5ms 左右，手术刀因时延造成的移动距离大概在 0.025mm 左右，会极大提升手术安全性。

1.4.3 mMTC 大规模机器通信

关于这个特性相信不少小伙伴已有体会，喜欢走在时代前沿的年轻人和科技数码爱好者已经尝试了各种智能设备，比如智能家居，智能穿戴等，这就需要 5G 网络拥有高容量。4G 网络的核心是将人和人进行连接，全球所承载的连接数是亿级别的，每个人可能需要用手机、电脑、平板连接网络，但这个数量是可控的，单个节点也不会有太大量级。

但随着物联网（IoT）的发展，未来的 5G 网络需要将不同的物和物、物和人进行连接，全球需要承载高达千万亿的连接，单节点需要同时接入 1000+设备，并保证足够的传输能力，这就需要网络拥有高容量的特性。

1.5 5G 全球应用情况

1.5.1 国际方面

截至目前，服务提供商围绕 5G 网络的关键技术提升活动，发展了 5G 的能力，包括动态频谱共享和使用毫米波提供 5G 服务。当前，5G 专网部署势头强劲，吸引了众多新的竞争者进入这一市场。尽管由于 2020 年以来的新冠疫情导致许多市场的经济活动中断，但这对全球运营商的 5G 推出会产生多大影响仍有待观察，特别是考虑到许多国家已经延迟了 5G 牌照的发放。然而，包括德国电信等运营商强调，疫情并未导致其放缓 5G 推出速度。运营商们要跟上市场领先者的步伐，竞争压力将越来越大。

荷兰运营商VodafoneZiggo通过在4G和5G之间使用动态频谱共享技术，推出了1800MHz 5G网络服务。目前，其5G网络覆盖了荷兰的一半地区。VodafoneZiggo对其大多数签约用户接入5G网络不收取额外费用。2020年6月，荷兰拍卖了700MHz频谱，而3.5GHz频段要到2022年才能拍卖。2020年7月28日,荷兰运营商 KPN 宣布商用 5G。

日本KDDI电信公司和软银将在共同使用各自基站的基础上，促进基础设施共享，以加速在日本农村推出5G网络。两家公司还将开展5G基站的设计和建设管理工作。两家公司在2019年7月同意在农村5G网络方面进行合作。

德国电信的5G网络目前已覆盖了德国1000多个城镇的1600万人口。至2020年7月中旬，整个德国已有4000万人口可以使用5G。“尽管出现了新冠疫情危机，但我们还是扩大了5G覆盖。”德国电信表示。“尽管面临当前的情况，我们的技术人员已经为5G安装了超过1.2万个天线。到今年年底，甚至将会有4万个适用于5G的天线。”德国电信使用动态频谱共享来加速5G的推出，最近开始将现有的2.1GHz频段中较低的频率重新用于LTE和5G。该运营商使用了2.1GHz频段上的15MHz频谱在农村地区部署5G，因为这些较低的频率在广域覆盖方面表现特别出色。这15MHz频谱中的10MHz是从另一家供应商当前的3G频谱中获得的。

5G目前在千行百业中的应用逐步加深，取得了跨越式发展。欧洲Telia公司（Telia Company）已为其来自芬兰、挪威和瑞典的用户提供了5G漫游服务。要使用该服务，用户需要签约5G服务合约，并且拥有5G智能手机，同时他们要位于具备5G网络覆盖的地区。随着丹麦、爱沙尼亚和立陶宛推出商用5G服务，Telia将把其5G漫游服务扩展至这些国家。该公司还在与国际运营商洽谈建立双边5G漫游。

沃达丰德国公司推出了其首款5G工业产品——沃达丰商业园区专网。该产品针对大型公司和中小型企业进行设计，具有四种基本模式：“园区专网室内”产品专为工厂车间提供5G网络，而“园区专网Kombi”产品将公司站点的室内和室外区域连接起来。第三种和第四种模式还将与安全网络及沃达丰的移动网络连接起来。价格、网络技术和性能将根据每个行业合作伙伴进行调整。5G产品的最终价格取决于几个因素，包括要联网的对象数量、要连接的园区面积、是室外还是室内网络、使用的是工业频率还是沃达丰频率。

奥地利Linz Telekom通过与华为和子公司Liwest合作，推出了首个面向企业的5G园区网络和首个成功连接的5G物联网应用。为了应对新冠疫情，他们设计了一款健康机器人，用于在林茨市的一个养老院工作。这款5G机器人利用热成像仪和专门开发的软件来测量视野范围内访客的体温，以降低感染新冠肺炎的风险。在奥地利2019年的5G拍卖中，频谱并非仅出售给了三家移动网络运营商，还有三家区域参与者也购买了3.4～3.8GHz的频谱使用权，Linz AG是其中一家公司，它通过其子公司Cable供应商Liwest分别为上奥地利州和林茨/韦尔斯地区各购买了80MHz频谱。

Tele2电信公司于1993年由Investment AB Kinnevik公司在瑞典成立，在瑞典、爱沙尼亚、哈萨克斯坦、拉脱维亚、立陶宛、荷兰、俄罗斯和德国开展电信运营业务。Tele2在瑞典和拉脱维亚市场推出了首个5G漫游协议，该协议由Tele2瑞典和Tele2拉脱维亚签署，这意味着Tele2的所有5G用户都可以使用漫游服务。Tele2刚刚开启了瑞典首个商用5G网络，签约了

Tele2 不限量服务且拥有 5G 手机的 Tele2 用户，将可以免费使用 5G 网络。Tele2 的瑞典 5G 网络将在斯德哥尔摩、马尔默和哥德堡率先投入使用。

韩国 SK 电讯与韩国欧姆龙电子公司合作开发了一款 5G 自动机器人，以应对新冠疫情。这款机器人使用 5G、AI、自动驾驶和物联网来执行各种任务，例如对访客进行无接触体温检测，以及对建筑物进行消毒。SK 电讯和韩国欧姆龙电子计划首先在其总部部署这款 5G 机器人，并将于今年在韩国市场正式推出，明年将在全球市场推出。

爱立信的 5G 技术与德国电信的 5G 频谱相结合，建设了位于亚琛工业大学校园的中心互联产业（CCI）的 5G 专网。该专网完全独立于公网运行，其网络服务器、独立核心网和无线电系统都位于园区。CCI 包括拥有众多分支机构和规模庞大的工业公司以及科研机构。这一 5G 园区专网被客户和设备制造商用作测试场，用于识别、开发和测试满足苛刻的工业性能要求的新应用。

1.5.2 我国情况

2019 年 6 月 6 日，我国工业与信息化部正式向中国电信、中国移动、中国联通、中国广电发放 5G 商用牌照，中国正式进入 5G 商用元年。

当前我国 5G 商用发展取得三个世界领先的显著成就：

（1）我国 5G 网络发展领先，截至 2021 年 3 月底，我国已建成 5G 基站 81.9 万个，占全球 70%以上，建成全球规模最大的 5G 独立组网网络。

（2）产业能力领先，在欧洲电信标准化协会（ETSI）声明的 5G 标准必要专利中，我国企业继续保持全球领先。

（3）应用创新领先，5G 应用创新案例已超过 9000 个，5G 正快速融入千行百业、呈现千姿百态，已形成系统领先优势。

中国移动和中国广电（中国广播电视网络有限公司，CBN）将在中国共建共享 700MHz 5G 网络。两家公司将按 1∶1 比例共同投资建设 700MHz 5G 无线网络，共同所有并有权使用 700MHz 5G 无线网络资产。根据协议，中国移动将有偿开放共享 2.6GHz 频段 5G 网络。在 700MHz 频段 5G 网络具备商用条件前，中国广电有偿共享中国移动 2G/4G/5G 网络为其客户提供服务。此外，根据协议，中国移动和中国广电将共同探索产品和运营等领域的创新，在内容和平台等领域开展深入合作，并在渠道和客户服务等领域进行合作运营。双方的协议将至少持续至 2031 年 12 月 31 日。

联想集团已与 Verizon、EE、Sunrise 和中国移动建立战略合作伙伴关系，将推出支持 5G 的笔记本电脑。这些设备将采用高通 Snapdragon 8cx 5G 计算平台。Verizon 将以每台 58.33 美元（共 24 个月）或 1400 美元的价格销售这款笔记本电脑。

1.6 后 5G 展望

移动通信发展 40 年，10 年一代，如今我们需要面向 2030 持续推进 5G 产业发展。对此，华为在此前 MBBF 2020 上提出后 5G，即所谓 5.5G 愿景，从万物互联走向万物智联。见图 1-6。

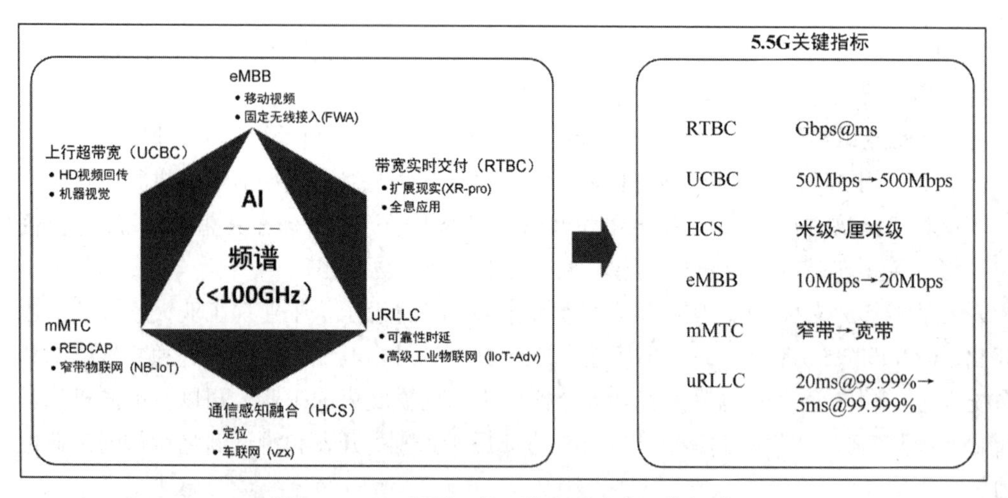

图 1-6　5.5G 愿景：从万物互联走向万物智联

5G 有 ITU 定义的三大标准场景，即 eMBB、mMTC 和 URLLC，组成三角形。5.5G 在 5G 基础上扩展了三大新场景，包括 UCBC（上行超宽带）、RTBC（宽带实时交付）、HCS（通信感知融合），把 5G 场景定义的三角形变成 5.5G 的六边形，从支撑万物互联到使能万物智联。

5.5G 实现包括以下多个关键技术：

（1）UCBC 上行超宽带，实现上行带宽能力 10 倍提升，满足企业生产制造等场景下，机器视觉、海量宽带物联等上传需求。同时，UCBC 也能大幅提升手机在室内深度覆盖的用户体验。

（2）RTBC 场景支持大带宽和低交互时延，目标是在给定时延下和一定的可靠性要求下的带宽提升 10 倍，借助虚拟大带宽能力，打造人与虚拟世界交互时的沉浸式体验。

（3）感知通信一体化，助力自动驾驶和无人机两大场景发展 。HCS 通过 M-MIMO 的波束扫描技术应用于感知领域，使得 HCS 场景下既能够提供通信，又能够提供感知；如果延展到室内场景，还可提供高精度厘米级低功耗的定位服务。

（4）重构 Sub100G 频谱使用模式，最大化频谱价值。5.5G 在 Sub100GHz 内使用更多的频谱，从而实现全频段上下行解耦，全频段按需灵活聚合。

（5）引入 AI，让 5G 连接更智能。5G 时代运营商的频段数量、终端类型、业务类型、客户类型都会远远高于之前的任何一个制式。化繁为简，5.5G 需要与 AI 的全面融合。

第 2 章　5G 技术介绍及应用

2.1　引　　言

5G 以可持续发展的方式，满足当前和未来超千倍的移动数据增长需求，为用户提供光纤般的接入速率，“零”时延的使用体验，千亿设备的连接能力以及超高流量密度、超高连接数密度和超高移动性等多场景的一致服务（或业务）及用户感知的智能优化。同时为网络带来超百倍的能效提升和超百倍的比特成本降低，并最终实现“信息随心至，万物触手及”的 5G 愿景。

2.1.1　业务和用户需求

移动互联网主要面向以人为主体的通信，注重提供更好的用户体验。面向 2020 年以后的未来，超高清、3D 和浸入式视频的流行将会驱动数据速率大幅提升，例如 8K 视频经过百倍压缩之后传输速率仍需要大约 1Gbps。增强现实、云桌面、在线游戏等业务，不仅对上下行数据传输速率提出挑战，同时也对时延提出了“无感知”的苛刻要求。未来大量的个人和办公数据将会存储在云端，海量实时的数据交互需要可媲美光纤的传输速率，并且会在热点区域对移动通信网络造成流量压力。社交网络等 OTT 业务将会成为未来主导应用之一，小数据包频发将造成信令资源的大量消耗。未来人们对各种应用场景下的通信体验要求越来越高，用户希望能在体育场、露天集会、演唱会等超密集场景，以及高铁、车载、地铁等高速移动环境下也能获得一致的业务体验。

物联网主要面向物与物、人与物的通信，不仅涉及普通个人用户，也涵盖了大量不同类型的行业用户。物联网业务类型非常丰富多样，业务特征差异巨大。对于智能家居、智能电网、环境监测、智能农业和智能抄表等业务，网络应支持海量设备连接和大量小数据包频发；视频监控和移动医疗等业务对传输速率提出了很高的要求；车联网和工业控制等业务则要求毫秒级的时延和接近 100%的可靠性。另外，大量物联网设备会部署在山区、森林、水域等偏远地区以及室内角落、地下室、隧道等信号难以到达的区域，因此要求移动通信网络的覆盖能力进一步增强。为了渗透到更多的物联网业务中，5G 应具备更强的灵活性和可扩展性，以适应海量的设备连接和多样化的用户需求。

无论是对于移动互联网还是物联网，用户在不断追求高质量业务体验的同时也在期望成本的下降。同时，5G 需要提供更高和更多层次的安全机制，不仅能够满足互联网金融、安防监控、安全驾驶、移动医疗等的极高安全要求，也能够为大量低成本物联网业务提供安全解决方案。此外，5G 应能够支持更低功耗，以实现更加绿色环保的移动通信网络，并大幅提升终端电池续航时间，这一点对于一些物联网设备尤其重要！

2.1.2　可持续发展

目前的移动通信网络在应对移动互联网和物联网爆发式发展时，可能会面临以下问题：

能耗、每比特综合成本、部署和维护的复杂度难以高效应对未来千倍业务流量增长和海量设备连接；多制式网络共存造成了复杂度的增长和用户体验下降；现网在精确监控网络资源和有效感知业务特性方面的能力不足，无法智能地满足未来用户和业务需求多样化的趋势；此外，无线频谱从低频到高频跨度很大，且分布碎片化。应对这些问题，需要从如下两方面提升 5G 系统能力，以实现可持续发展。

（1）在网络建设和部署方面，5G 需要提供更高网络容量和更好覆盖，同时降低网络部署，尤其是超密集网络部署的复杂度和成本；5G 需要具备灵活可扩展的网络架构以适应用户和业务的多样化需求；5G 需要灵活高效地利用各类频谱，包括对称和非对称频段、重用频谱和新频谱、低频段和高频段、授权和非授权频段等；此外，5G 需要具备更强的设备连接能力来应对海量物联网设备的接入。

（2）在运营维护方面，5G 需要改善网络能效和比特运维成本，以应对未来数据迅猛增长和各类业务应用的多样化需求；5G 需要降低多制式共存、网络升级以及新功能引入等带来的复杂度，以提升用户体验；5G 需要支持网络对用户行为和业务内容的智能感知并做出智能优化；同时，5G 应提供多样化的网络安全解决方案，以满足各类移动互联网和物联网设备及业务的需求。

2.1.3 效率需求

频谱利用、能耗和成本是移动通信网络可持续发展的三个关键因素。为了实现可持续发展，5G 系统相比 4G 系统在频谱效率、能源效率和成本效率方面需要得到显著提升。具体来说，频谱效率需提高 5～15 倍，能源效率和成本效率要求有百倍以上提升。

2.2 5G 的主要关键技术

5G 关键技术主要包括移动边缘计算、大规模 MIMO 技术以及网络切片等。

2.2.1 移动边缘计算（MEC）

欧洲电信标准协会（ETSI）对于移动边缘计算（MEC）的标准定义是：在移动网边缘提供 IT 服务环境和云计算能力。5G 时代，移动边缘计算（MEC）迎来了发展的好时机。与 4G 相比，5G 业务更需要网络边缘下沉，甚至可以认为，移动边缘计算将成为 5G 一项主流的关键技术。移动边缘计算通过将网络核心功能下沉到网络边缘，在靠近移动用户端的地方提供服务，满足低时延、高带宽的业务需求。形象地说，移动边缘计算就好像一个大企业在各地设置的分公司，当地的业务不用返回总部去办理，只需在当地就可获得快速、本地化的服务。

在 4G 时代，各种业务对速率、时延、灵活性的要求虽高，但并不需要达到 5G 标准，许多应用仍需回传至核心网再进行处理，因此，移动边缘计算的拳脚有些伸展不开。到了 5G 时代，移动边缘将和 5G 互相助力，激发出更好的网络体验。

众所周知，5G 统一的连接架构主要满足三个应用场景：增强型移动宽带、关键业务型服务、海量物联网。而在 5G 发展初期，5G 服务将关注最为迫切的需求——满足用户对于更高速移动宽带的需求。测试数据显示，在高速率场景中，用户体验速率达 1Gbps，峰值速率达到 10Gbps，流量密度达到每平方千米 10Tbps 以上，这将对回传网络造成巨大压力，需要实现业务分流。在低时延场景中，运营商期望端到端的时延在毫秒数量级上，而当前的网络传输时延和业务处理时延在 50ms 左右。这也都需要业务下沉至边缘数据中心或者更靠近无线侧的传输设备，减小网络传输和多级业务转发带来的网络时延。

关键业务型服务也是 5G 重要场景。届时，无人驾驶、远程医疗等高可靠、低时延通信在成为 5G 典型应用的同时，也构造了更为复杂的应用场景。移动边缘计算把网络和云进行了无缝连接，在靠近移动用户端提供计算能力，信息的本地化、快速处理，可以帮助网络运营商向垂直行业提供定制化、差异化服务，提升网络利用效率和价值。此外，移动边缘计算可以实时获取无线网络信息和更精准的位置信息，为交通运输、智能驾驶等领域提供更加周到的服务。

在海量物联和大规模的机器通信方面，这种物与物的连接与通信，将会带来巨大的数据洪流。面对这样的吞吐量，移动边缘计算把无线网络和互联网技术有效地融合在一起，在无线网络侧增加了计算、存储、处理等功能，构建一个开放式平台，通过对无线网络与业务服务器之间的信息交互，将传统的无线基站升级为智能化基站，助力“物物对话”成为现实。

2.2.2 大规模 MIMO 技术

MIMO（Multiple Input Multiple Output）是一种成倍提高系统频谱效率的技术，它泛指在发送端和接收端采用多根天线，并辅助一定的信号处理技术来完成通信。MIMO 提高系统频谱效率的能力和天线数目强相关。

当无线蜂窝通信技术对灵活性要求更高时，MIMO 通信技术就发挥了其应用价值。

MIMO 技术通过在通信链路的收发两端的多根天线实现空分复用，能够提供分集增益以提升系统的可靠性，提供复用增益以增加系统的频谱资源，提供阵列增益以提高系统的功率效率。MIMO 技术的系统模型如图 2-1 所示。

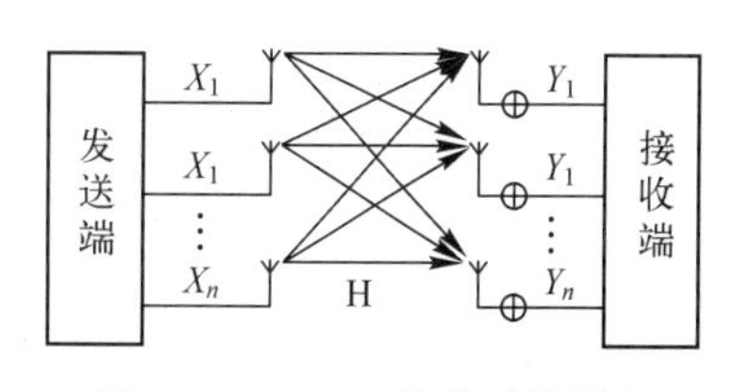

图 2-1 MIMO 技术系统模型

MIMO 技术历经了单点对单点的发展阶段，朝着多用户 MIMO 方向发展，具体采用将多根天线置于发射端或者接收端实现，这种技术方案可以满足现有时频资源下，最大化空间的分集增益、空间的多路复用增益和空间阵列增益，从而对系统的容量和通信链路的可靠性进行提升，使得整个通信系统的总吞吐量最大化。但随着用户对通信系统的通信容量需求的不断提升，现有的 MIMO 通信技术还需要进一步对容量和带宽性能进行提升，目前主要的提升方向为优化天线尺寸以及新型排布方式。

由于 4G 使用的频段问题，现有的 4G 系统基站配置的天线一般不超过 8 个，因此 MIMO 性能增益受到极大的限制。为进一步增加频谱利用率和系统的覆盖率，并且提高单位比特能耗利用率，一种新型的通信网络架构引起了广泛的关注——大规模 MIMO（Massive MIMO）通信网。而 5G 使用的超高频段为大规模 MIMO 技术提供了可能性。

目前，集中式排布天线的方式是研究最多的解决方案。融合大规模 MIMO 和云无线接入网，得到一种新颖的分布式大规模 MIMO 系统。这种创新的想法有机地对两种技术进行结合，各取所长，对整个通信系统而言，性能得到了进一步的提升。

2.2.3 网络切片

网络切片（Network slicing）是通过切片技术在一个通用硬件基础上虚拟出多个端到端

的网络，每个网络具有不同网络功能，适配不同类型服务需求。5G 网络切片架构示意图如图 2-2 所示，运营商购买物理资源后，针对大众上网业务使用物理资源虚拟出一个 eMBB 切片网络，之后针对垂直行业中某些厂商的智能抄表需求，使用物理资源再虚拟出一个 mMTC 切片网络，两个切片网络分别为不同业务场景提供服务。

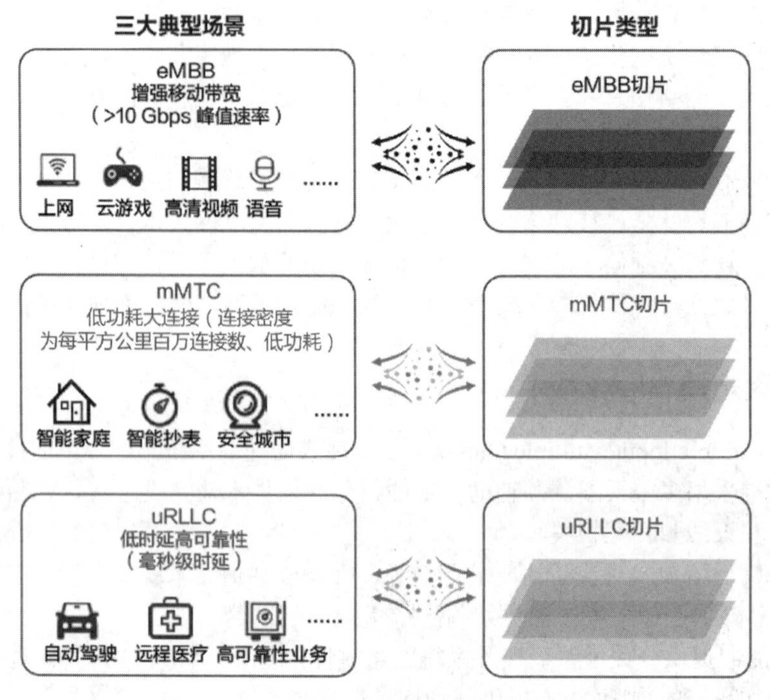

图 2-2　5G 网络的三大典型场景与切片类型

虽然垂直行业中各行各业对网络功能的需求多种多样，但是这些需求都可以解析成对网络带宽、连接数、时延、可靠性等网络功能的需求。5G 标准也将不同业务对网络功能的需求特点归纳为三大典型场景，所对应的网络切片的类型分别是 eMBB 切片、mMTC 切片、uRLLC 切片，如图 2-2 所示。

5G 不同行业的业务可以使用不同的切片网络来承载，即使提供相同业务的不同厂商可以作为切片网络的租户，购买、管理、运营各自的切片网络从而向自己的终端客户提供通信服务。如汽车行业的要提供自动驾驶服务，汽车厂商 A 和 B 可以分别订购运营商提供的 uRLLC 类型网络切片，使用不同切片网络实例将通信服务提供给自己的最终客户，实现车辆和远程平台的实时、可靠连接。网络切片的租户还可以是另外一个运营商，这个运营商不建立自己的网络，直接使用其订购的切片网络，然后在一定范围内向自己的最终客户提供通信服务。

2.3　5G 的网络规划

相对于 4G 网络规划，5G 网络规划有以下不同点。

1. 新频段

（1）5G 属于高频段，注重天线波束规划能力（主要是 MIMO 技术引起），主要利用 3D 立体仿真进行覆盖预测，而 4G 主要利用 2D 仿真进行覆盖预测；

（2）5G 利用 Rayce 射线追踪模型，4G 主要为 Cost-Hata 传播模型；

（3）进行链路预算时，相较于 4G，5G 频段更高，路径传播损耗更大，需要进行传输模型校正，与此同时，需要考虑人体遮挡损耗、雨衰、树衰等因素。

2. 新空口

（1）相较于 4G，5G 新增了 Pattern 规划内容；

（2）新增 Rank 规划（研制中）。

3. 新业务

相较于 4G，5G 新增较多业务，不同的业务需要制定不同的标准。

5G 网络建设初期的应用场景主要为 eMBB，mMTC，uRLLC，建网初期聚焦 eMBB 业务，包括高清视频、VR、上网、宽带，业务不同，标准不同，并且同国家区域方针相关。结合 5G 网络特点以及 5G 网络建设初期主要应用场景，5G 网络规划主要步骤如下：

（1）确定方案，精准价值规划。以体验为中心，4/5G 融合规划、按需建设，构建最佳 TCO 和竞争力领先的 5G 网络；

（2）确定覆盖场景。5G 部署区域选择聚焦八大场景：高铁、机场、地铁、省市政府、CBD、医院、高校、体育场所；关注三高（高套餐、高流量、高价值终端）用户的应用需求；开发垂直行业应用：无人机、远程医疗、智能制造等行业应用；

（3）预测规划目标以及建网标准实现率，如不能达标，重新修正方案，直至达到规划目标以及建网标准；

（4）确定站址：基于拓扑结构站址寻优及 5G 新技术，同时充分利用已有（旧）站点资源，保护投资。

2.4 5G 的典型应用

5G 典型应用主要分为个人应用和垂直行业应用。个人应用主要涉及文体娱乐行业，垂直行业包括政务与公用事业、工业、农业、医疗、交通运输、金融、旅游、教育、电力 9 大行业。

目前 5G 相关应用已开始在部分行业出现，包括政务与公用事业、工业、农业、文体娱乐、医疗、交通运输、金融、旅游、教育和电力 10 大行业、35 个细分应用领域（见表 2-1）。5G 应用是 5G 共性业务在不同行业、细分应用领域及应用场景中的具体应用。

表 2-1 5G 重点应用行业及细分应用领域

政务与公用事业	工业	农业	文体娱乐	医疗	交通运输	金融	旅游	教育	电力
1. 智慧政务 2. 智慧安防 3. 智慧城市基础设施 4. 智慧楼宇 5. 智慧环保	1. 智能制造 2. 远程操控 3. 智慧工业园区	1. 智慧农场 2. 智慧林场 3. 智慧畜牧 4. 智慧渔场	1. 视频制播 2. 智慧文博 3. 智慧院线 4. 云游戏	1. 远程诊断 2. 远程手术 3. 应急救援	1. 车联网与自动驾驶 2. 智慧公交 3. 智慧铁路 4. 智慧机场 5. 智慧港口 6. 智慧物流	1. 智慧网点 2. 虚拟银行	1. 智慧景区 2. 智慧酒店	1. 智慧教学 2. 智慧校园	1. 智慧新能源发电 2. 智慧输变电 3. 智慧配电 4. 智慧用电

2.4.1 政务与公用事业

当前，5G 在政务与公用事业中的应用主要体现在：智慧警务、智慧安防、智慧城市基础设施、智慧楼宇和智慧环保 5 个细分应用领域（见表 2-2）。目标与环境识别（安防、基础设施形变识别、环境监测）、信息采集与服务（智慧城市、园区、楼宇、环保管理、政务信息服务）是 5G 在政务与公用事业中的主要应用，智慧政务还用到超高清与 XR 播放。

表 2-2　政务与公用事业与 5G 共性业务

行业	细分应用领域	5G 应用价值与应用场景
政务与公用事业	智慧政务	提升驻地或远程政务服务能力：政府大厅、移动监察、移动审批等
	智慧安防	提升安防反应速度与管理水平：城区、社区、园区
	智慧城市基础设施	提升城市基础设施管理水平：道路、桥涵、排水、照明、电力、燃气、给排水、垃圾设施
	智慧楼宇	提升楼宇管理水平：电力、空调、给排水、燃气、安防、门禁、电梯、停车
	智慧环保	提升环境管理水平，降低污染：空气、水、土壤、生活垃圾、工业排放

2.4.2　工业

当前，5G 在工业中的应用主要体现在：智能制造、远程操控、智慧工业园区 3 个细分应用领域（见表 2-3）。远程设备操控（工业生产设备、物料运送设备）是 5G 在工业中的主要应用，另外还采用目标与环境识别（产品检验、工业园区安全管控）、信息采集与服务（工业生产管理和园区管理）。

表 2-3　工业与 5G 共性业务

行业	细分应用领域	5G 应用价值与应用场景
工业	智能制造	提升工业生产管理水平：环境监控、物料供应、产品检测、生产监控、设备管理
	远程操控	提升远程操控工业设备的安全性与效率：安保巡检、远程采矿、远程施工、运输调度
	智慧工业园区	提升工业园区管理水平：安全管控、制造管控、智慧交通

2.4.3　农业

当前，5G 在农业中的应用主要体现在：智慧农场、智慧林场、智慧畜牧和智慧渔场 4 个细分领域（见表 2-4）。目标与环境识别（农场的农作物监测，林场的森林资源、病虫害、野生动植物、森林防火监测，畜牧的草场监测，畜牧疫情与生长监测，渔场监测、水产品生长情况监测）和信息采集与服务（农业生产管理、水质监测）是 5G 在农业中的主要应用，智慧农场也采用远程设备操控（农机设备）。

表 2-4　农业与 5G 共性业务

行业	细分应用领域	5G 应用价值与应用场景
农业	智慧农场	提升农场生产管理水平：远程农机设备操控、农作物监测、农机设备自动化作业
	智慧林场	提升林场管理水平：森林资源、病虫害、野生动植物、森林防火监测
	智慧畜牧	提升畜牧生产管理水平：畜牧跟踪、草场监测、畜牧疫情与生长监测
	智慧渔场	提升渔场生产管理水平：渔场监测、水质监测、水产品生长情况监测、精准鱼食投放

2.4.4　文体娱乐

当前，5G 在文体娱乐中的应用主要体现在：视频制播、智慧文博、智慧院线和云游戏 4

个细分应用领域（见表 2-5）。目标与环境识别（活动现场、博物馆与院线的安全监控、基于人脸识别的智能检票）和超高清与 XR 播放是 5G 在文体娱乐中的主要应用。

表 2-5 文体娱乐与 5G 共性业务

行业	细分应用领域	5G 应用价值与应用场景
文体娱乐	视频制播	基于超高清视频、VR 全景、AR 影像的新兴媒体制播：体育赛事、演出、展会；重大活动的安全监控
	智慧文博	提升博物馆的展现能力和管理水平：智能检票、游客导航与统计、智能讲解、展品安全、XR 播放
	智慧院线	提升院线内容展现能力和管理水平：智能检票、片源远程发型与存储、XR/超高清播放
	云游戏	提供基于云及新型媒体游戏：VR、AR、超高清视频游戏

2.4.5 医疗

当前，5G 在医疗中的应用主要体现在：远程诊断、远程手术和应急救援 3 个细分应用领域（见表 2-6）。远程设备操控（远程机器人超声、远程机器人手术）、目标与环境识别（手术识别、病情识别）是 5G 在医疗中的主要应用。

表 2-6 医疗与 5G 共性业务

行业	细分应用领域	5G 应用价值与应用场景
医疗	远程诊断	为病人进行远程诊断：远程会诊、远程机器人超声诊断、远程查房
	远程手术	为病人进行远程手术：远程机器人手术、远程手术示教、远程手术指导
	应急救援	为病人进行应急救援：救护车或现场的应急救援与救治远程指导、120 救护车交通疏导

2.4.6 交通运输

当前，5G 在交通运输中的应用主要体现在：车联网与自动驾驶、智慧公交、智慧铁路、智慧机场、智慧港口和智慧物流 6 个细分应用领域（见表 2-7）。目标与环境识别（车辆环境识别，公交、铁路、机场、港口与物流园区的安防监控）、信息采集与服务（交通运输管理和用户信息服务）是 5G 在交通运输中的主要应用，另外车联网与自动驾驶、智慧港口和智慧物流还采用远程设备操控（车辆的远程驾驶，港口龙门吊、物流园区无人叉车与分拣机器人的远程操控）。

表 2-7 交通运输与 5G 共性业务

行业	细分应用领域	5G 应用价值与应用场景
交通运输	车联网与自动驾驶	提升道路交通管理能力：车载信息、车辆环境感知、V2X 网联驾驶、远程驾驶、自动驾驶、智慧交通
	智慧公交	提升公交管理水平：公交车、出租车和城轨的调度，公交车、城轨及其车站的安防监控
	智慧铁路	提升铁路运输的管理水平：列车与集装箱监控、调度和管理，铁路线路、列车车站和客流量监控管理
	智慧机场	提升机场管理水平：地面交通与空中交通的调度与监控管理，候机大厅、客流和行李的监控管理
	智慧港口	提升港口管理水平：龙门吊远程操控、船联网数据回传、港口园区交通管理、安全监控和优化规划
	智慧物流	提升物流管理水平：物流园区、仓库安全监控与管理、设备远程操控、货车及驾驶员的调度与管理

2.4.7 金融

当前，5G 在金融中的应用主要体现在：智慧网点和虚拟银行 2 个细分应用领域（见表 2-8）。目标与环境识别（网点安全监控、用户身份识别）、信息采集与服务（银行业务管理、储户信息服务）是 5G 在金融中的主要应用，另外虚拟银行还用到超高清与 XR 播放。

表 2-8　金融与 5G 共性业务

行业	细分应用领域	5G 应用价值与应用场景
金融	智慧网点	提升银行网点的经营管理水平：用户身份识别、远程咨询与服务、自助服务、安全监控
	虚拟银行	提升银行经营效率：远程用户身份识别、用户征信查询、基于 XR 的交易服务、授权智能交易终端管理

2.4.8 旅游

当前，5G 在旅游中的应用主要体现在：智慧景区、智慧酒店 2 个细分应用领域（见表 2-9）。目标与环境识别（景区与酒店的安防监控）、超高清与 XR 播放（景区、酒店）和信息采集与服务（景区管理与用户信息服务、酒店管理与用户信息服务）是 5G 在旅游中的主要应用。

表 2-9　旅游与 5G 共性业务

行业	细分应用领域	5G 应用价值与应用场景
旅游	智慧景区	提升旅游景区的经营管理水平：旅游线路规划、XR 陪伴式导游、安全监控、客流管理、XR/超高清播放
	智慧酒店	提升酒店的经营管理水平：酒店向导、XR 娱乐、云游戏、安防监控、商务

2.4.9 教育

当前，5G 在教育中的应用主要体现在：智慧教学、智慧校园 2 个细分应用领域（见表 2-10）。其中，智慧教学采用超高清与 XR 播放，智慧校园采用目标与环境识别（安全监控）、信息采集与服务（教学与设备、宿舍管理、学生信息服务）。

表 2-10　教育与 5G 共性业务

行业	细分应用领域	5G 应用价值与应用场景
教育	智慧教学	提升教学质量：XR 互动与体验教学、远程高清教学、虚拟操作培训
	智慧校园	提升校园管理水平：安全监控、教学与设备管理、宿舍管理

2.4.10 电力

当前，5G 在电力中的应用主要体现在：智能新能源发电、智慧输变电、智慧配电和智慧用电 4 个细分应用领域（见表 2-11）。目标与环境识别（新能源发电设备的监控，输变电、配电设备和线路的监控）、信息采集与服务（发电、输变电、配电和用电管理，用户用电信息服务）是 5G 在电力中的主要应用。

表 2-11　电力与 5G 共性业务

行业	细分应用领域	5G 应用价值与应用场景
电力	智慧新能源发电	提升新能源并网发电效率：风力发电与并网监控管理、太阳发电与并网监控管理、发电设备监控管理
	智慧输变电	提升对输电线路和变电站的运维管理水平：输电线路监控管理、变电站监控管理
	智慧配电	提升对配电线路和配电站的运维管理水平：配电设施监测管理、配电故障定位、配电与负荷自动化控制
	智慧用电	提升用电管理水平：电信息采集、用电监测、用电分析、负载管控、线路损耗管理、计费管理

随着 5G 网络建设进入快速期，5G 应用创新不断深化，涵盖的应用领域与应用规模也不断扩大。5G 作为市场热点，得到业界高度关注，吸引大量资本与资源投入。5G 应用产业各参与方应洞察与聚焦用户实际需求，开展严谨的市场分析，按需推进 5G 应用创新开发。

2.5　移动边缘计算技术应用

2.5.1　移动边缘计算的定义

移动边缘计算（MEC）最初于 2013 年在 IBM 和 Nokia Siemens 共同推出的一款计算平台上出现。之后，各大电信标准组织开始推动移动边缘计算的规范化工作。根据欧洲电信标准协会（ETSI）的定义，移动边缘计算侧重在移动网络边缘提供 IT 服务环境和云计算能力，强调靠近移动用户以减少网络操作和服务交付的时延。

2016 年，华为在国内倡议发起了“边缘计算产业联盟”。根据边缘计算产业联盟的定义，边缘计算是在靠近物或数据源头的网络边缘侧，融合网络、计算、存储、应用核心能力的开放平台，就近提供边缘智能服务，以满足行业数字化在敏捷连接、实时业务、数据优化、应用智能、安全与隐私保护等方面的关键需求。

根据 Intel 定义的移动边缘计算整体架构，如图 2-3 所示，移动边缘计算位于无线接入点与有线或移动核心网络之间，传统无线接入网具备了业务本地化和近距离部署的条件，从而提供了高带宽、低时延的传输能力，同时业务面下沉形成本地化部署，可有效降低对网络回传带宽的要求和网络负荷。移动边缘计算由于提供了应用程序编程接口（API），并对第三方开放基础网络能力，从而使得网络可以根据第三方的业务需求实现按需定制和交互，这将是 5G 迈向更扁平网络的第一步。

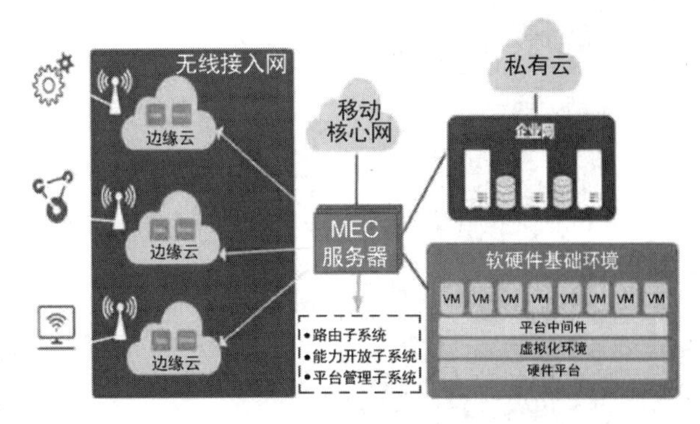

图 2-3　移动边缘计算整体架构

2.5.2　移动边缘计算的技术特征

移动边缘计算的技术特征主要体现为：邻近性、低时延、高宽带和位置认知。

（1）邻近性：由于移动边缘计算服务器的布置非常靠近信息源，因此边缘计算特别适用于捕获和分析大数据中的关键信息。此外，边缘计算还可以直接访问设备，因此容易直接衍生特定的商业应用。

（2）低时延：由于移动边缘计算服务靠近终端设备或者直接在终端设备上运行，因此大大降低了时延。这使得反馈更加迅速，同时也改善了用户体验，大大降低了网络在其他部分中可能发生的拥塞。

（3）高带宽：由于移动边缘计算服务器靠近信息源，可以在本地进行简单的数据处理，不必将所有数据或信息都上传至云端，使得核心网传输压力下降，减少网络堵塞，网络速率也会因此大大提高。

（4）位置认知：当网络边缘是无线网络的一部分时，无论是WiFi还是蜂窝，本地服务都可以利用相对较少的信息来确定每个连接设备的具体位置。

移动边缘计算的基本组件包括：路由子系统、能力开放子系统、平台管理子系统及边缘云基础设施。前3个子系统部署于移动边缘计算服务器内，而边缘云基础设施则由部署在网络边缘的小型或微型数据中心构成。

移动边缘计算系统的核心设备是基于IT通用硬件平台构建的MEC服务器。移动边缘计算系统通过部署于无线基站内部或无线接入网边缘的云计算设施（即边缘云），来提供本地化的公有云服务，并可连接其他网络（如企业网）内部的私有云实现混合云服务。移动边缘计算系统提供基于云平台的虚拟化环境，支持第三方应用在边缘云内的虚拟机（VM）上运行。相关的无线网络能力可通过MEC服务器上的平台中间件向第三方应用开放。

第3章 人 工 智 能

3.1 引　　言

区别人类与其他动物的特征之一就是省力工具的使用。人类发明了车轮和杠杆，车轮减轻远距离携带重物的负担。人类发明了长矛，从此不再需要徒手与猎物搏斗。数千年来，人类一直致力于创造越来越精密复杂的机器来节省人力体力，然而，能够帮助我们节省脑力的机器却只是一个遥远的梦想。时至今日，我们才具备了足够的技术实力来探索能否用机器全面替代人的劳作以及进一步让机器学会思考。

虽然计算机面世还不到 100 年，但我们日常生活中的许多设备都蕴藏着人工智能（Artificial Intelligence，AI）技术。例如，手机能够回答我们“西雅图现在几点？”；电子游戏中会有计算机控制的怪兽鬼鬼祟祟在背后攻击我们；在股票市场分析判别有多少人用退休金进行投资；银行系统通过对人们的信誉考虑是否贷款，类似这些都是人工智能的体现。

3.1.1 “人工”与“智能”

显然，人工智能就是人造的智能，它是科学和工程的产物。我们也会进一步考虑什么是人可以制造出来的，或者人自身的智能程度有没有达到可以创造人工智能的地步，等等。但生物学不在讨论范围之内，因为基因工程与人工智能的科学基础全然不同。人们可以在器皿中培育脑细胞，但这只能算是天然大脑的一部分。所有人工智能的研究都围绕着计算机展开，其全部技术也都是在计算机中执行的。

至于什么是“智能”，问题就复杂多了，它涉及诸如意识、自我、思维（包括无意识的思维）等问题。事实上，人唯一了解的是人类本身的智能，但其实我们对自身智能的理解，对构成人的智能的必要元素也了解有限，很难准确定义出什么是“人工”制造的“智能”。因此，人工智能的研究往往涉及对人的智能本身的研究（见图 3-1），其他关于动物或人造系统的智能也普遍被认为是与人工智能相关的研究课题。

《牛津英语词典》对智能的定义为“获取和应用知识与技能的能力”，这显然取决于记忆。也许人工智能领域已经影响了我们对智力的一般性认识，因此，人们会根据对实际情况的指导作用来判断知识的重要程度。人工智能的一个重要领域就是储存知识以供计算机使用。

棋局是程序员研究的早期问题之一。他们认为，就象棋而言，只有人类才能获胜。1997 年，IBM 机器深蓝（Deep Blue）击败了当时在位的国际象棋大师加里·卡斯帕罗夫（见图 3-2），但深蓝并没有显示出任何人类特质，仅仅只是对这一任务进行快速有效的编程而已。

图 3-1　研究人的智能

图 3-2　卡斯帕罗夫与深蓝对弈当中

3.1.2　图灵测试

1950 年，在计算机发明后不久，图灵提出了一套检测机器智能的测试，也就是后来广为人知的图灵测试（Turing Test）。在实验中，测试者分别与计算机和人类各交谈五分钟，随后判断哪个是计算机，哪个是人类。当年图灵认为，到 2000 年，测试者答案的正确率可能只有 70%。每一年，所有参加测试的程序中最接近人类的那一个将被授予勒布纳人工智能奖（Loebner Prize）。到目前为止，还没有出现任何程序能够如图灵预测的那样出色，但它们的表现确实越来越好了，就像象棋程序能够击败国际象棋大师一样，计算机最终一定可以像人类一般流畅交谈。当那天来临的时候，会话能力显然就不能再代表智力了。

3.1.3　人工智能定义

作为计算机科学的一个分支，人工智能是研究、开发用于模拟、延伸和扩展人的智能的理论、方法、技术及应用系统的一门新的技术科学（见图 3-3），是一门自然科学、社会科学和技术科学交叉的边缘学科，它涉及的学科内容包括哲学和认知科学、数学、神经生理学、心理学、计算机科学、信息论、控制论、不定性论、仿生学、社会结构学与科学发展观等。

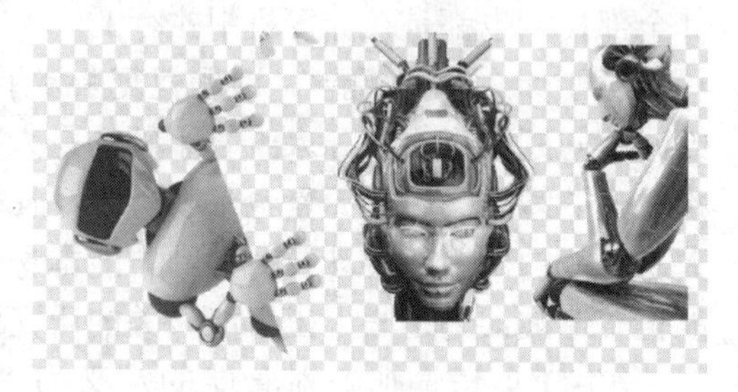

图 3-3　人工智能是一门新的技术科学

人工智能研究领域的一个较早流行的定义，是由约翰·麦卡锡在 1956 年的达特茅斯会议上提出的，即：**人工智能就是要让机器的行为看起来像是人类所表现出的智能行为一样**。另一个定义指出：**人工智能是人造机器所表现出来的智能性**。总体来讲，对人工智能的定义大致可分为四类，即机器“像人一样思考”“像人一样行动”“理性地思考”和“理性地行动”。这里“行动”应广义地理解为采取行动或制定行动的决策，而不是肢体动作。

尼尔逊教授对人工智能下了这样一个定义：“**人工智能是关于知识的学科——怎样表示知识以及怎样获得知识并使用知识的科学。**”而温斯顿教授认为：“**人工智能就是研究如何使计算机去做过去只有人才能做的智能工作。**”这些说法反映了人工智能学科的基本思想和基本内容。即人工智能是研究人类智能活动的规律，构造具有一定智能的人工系统，研究如何让计算机去完成以往需要人的智力才能胜任的工作，也就是研究如何应用计算机的软/硬件来模拟人类某些智能行为的基本理论、方法和技术。

可以把人工智能定义为一种工具，它用来帮助或者替代人类思维。它是一项计算机程序，可以独立存在于数据中心，在个人计算机里，也可以通过诸如机器人之类的设备体现出来。它具备智能的外在特征，有能力在特定环境中有目的地获取和应用知识与技能。

人工智能是对人的意识、思维的信息过程的模拟。人工智能不是人的智能，但能像人那样思考，甚至也可能超过人的智能。自诞生以来，人工智能的理论和技术日益成熟，应用领域也不断扩大，可以预期，人工智能所带来的科技产品将会是人类智慧的“容器”，因此，人工智能是一门极富挑战性的学科。

20 世纪 70 年代以来，人工智能被称为世界三大尖端技术之一（空间技术、能源技术、人工智能），也被认为是 21 世纪三大尖端技术（基因工程、纳米科学、人工智能）之一，这是因为近几十年来人工智能得到了迅速的发展，在很多学科领域都获得了广泛应用，取得了丰硕成果。

3.1.4 人工智能的实现途径

对于人的思维模拟的研究可以从两个方向进行，一是结构模拟，仿照人脑的结构机制，制造出“类人脑”的机器；二是功能模拟，从人脑的功能过程进行模拟。现代电子计算机的产生便是对人脑思维功能的模拟，是对人脑思维的信息过程的模拟。

实现人工智能有三种途径：

（1）强人工智能（Bottom-Up AI）

又称多元智能，研究人员希望人工智能最终能成为多元智能，并且超越大部分人类的能力。有些人认为要达成以上目标，可能需要拟人化的特性，如人工意识或人工大脑。上述问题被认为是人工智能的完整性：为了解决其中一个问题，你必须解决全部的问题。即使是一个简单和特定的任务，如机器翻译，要求机器按照作者的论点（推理），忠实地再现作者的意图（情感计算）。因此，机器翻译被认为是具有人工智能完整性的。

强人工智能的观点认为有可能制造出真正能推理和解决问题的智能机器，并且这样的机器将被认为是有知觉的，有自我意识的。强人工智能可以有两类：

① 类人的人工智能，即机器的思考和推理就像人的思维一样；

② 非类人的人工智能，即机器产生了和人完全不一样的知觉和意识，使用和人完全不一样的推理方式。

强人工智能即便可以实现也很难被证实。为了创建具备强人工智能的计算机程序，我们必须清楚了解人类思维的工作原理，而想要实现这样的目标，我们还有很长的路要走。

（2）弱人工智能（Top-Down AI）

该观点认为不可能制造出能真正地推理和解决问题的智能机器，这些机器只不过看起来像是智能的，但是并不真正拥有智能，也不会有自主意识。

弱人工智能只要求机器能够拥有智能行为，具体的实施细节并不重要。IBM 机器深蓝就是在这样的理念下产生的，它没有试图模仿国际象棋大师的思维，仅仅遵循既定的操作步骤。倘若人类和计算机遵照同样的步骤，那么比赛时间将会大大延长，因为计算机每秒验算的可能走位就高达 2 亿个，就算思维惊人的国际象棋大师也不太可能达到这样的速度。人类拥有高度发达的战略意识，这种意识将需要考虑的走位限制在几步或是几十步以内，而计算机的考虑数以百万计。就弱人工智能而言，这种差异无关紧要，能证明计算机比人类更会下象棋就足够了。

如今，主流的研究活动都集中在弱人工智能上，并且一般认为这一研究领域已经取得可观的成就，而强人工智能的研究则处于停滞不前的状态。

（3）实用型人工智能

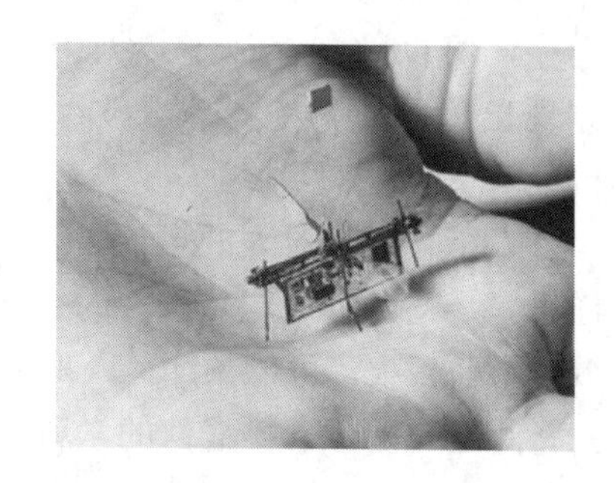

图 3-4　美国华盛顿大学研制的靠激光束驱动的 RoboFly 昆虫机器人

研究者们将目标进一步放低，不再试图创造出像人类一般智慧的机器。眼下我们已经知道如何创造出能模拟昆虫行为的机器人（见图 3-4）。机械家蝇看起来似乎并没有什么用，但即使是这样的机器人，在完成某些特定任务时也是大有裨益的。比如，一群如狗大小，具备蚂蚁智商的机器人在清理碎石和在灾区找寻幸存者时就能够发挥很大的作用。

随着模型变得越来越精细，机器能够模仿的生物越来越高等。最终，我们可能必须接受这样的事实：机器似乎变得像人类一样智慧了。也许实用型人工智能与强人工智能殊途同归，但考虑到一切的复杂性，我们不会相信机器人是有自我意识的。

3.1.5　人工智能的研究

繁重的科学和工程计算本来是要人脑来承担的，如今计算机不但能完成这种计算，而且能够比人脑做得更快、更准确，因此，人们已不再把这种计算看作是“需要人类智能才能完成的复杂任务”。可见，复杂工作的定义是随着时代的发展和技术的进步而变化的，人工智能的具体目标也随着时代的变化而发展。它一方面不断获得新进展，另一方面又转向更有意义、更加困难的新目标。

1. 人工智能研究领域

用来研究人工智能的主要物质基础以及能够实现人工智能技术平台的机器就是计算机，人工智能的发展是和计算机科学技术以及其他很多科学的发展联系在一起的（见图 3-5）。人工智能学科研究的主要内容包括：知识表示、知识获取、自动推理和搜索方法、机器学习、神经网络和**深度学习**、知识处理系统、**自然语言学习与处理**、遗传算法、**计算机视觉**、**智能机器人**、**自动程序设计**、**数据挖掘**、复杂系统、规划、组合调度、感知、模式识别、逻辑程序设计、软计算、不精确和不确定的管理、人类思维方式等方面。一般认为，人工智能最关键的难题还是机器自主创造性思维能力的塑造与提升。

（1）深度学习。这是无监督学习的一种，是机器学习研究中的一个新的领域，基于现有的数据进行学习操作，其动机在于建立、模拟人脑进行分析学习的神经网络，它模仿人脑的机制来解释数据，例如图像，声音和文本（见图 3-6）。

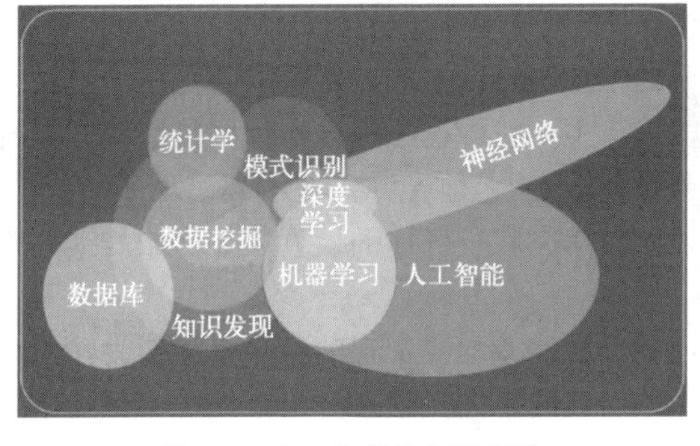

图 3-5　人工智能的相关领域

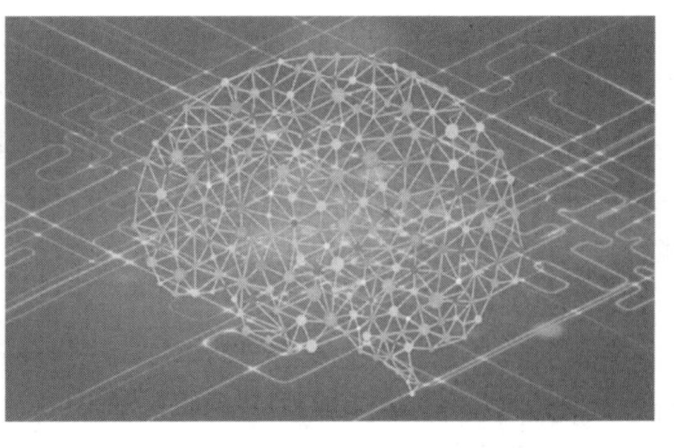

图 3-6　神经网络与深度学习

现实生活中常常会有这样的问题：缺乏足够的先验知识，因此难以人工标注类别或进行人工类别标注的成本太高。很自然地，我们希望计算机能代我们完成这些工作，或至少提供一些帮助。根据类别未知（没有被标记）的训练样本解决模式识别中的各种问题，称之为无监督学习。

（2）自然语言处理。这是用自然语言同计算机进行通信的一种技术。作为人工智能的分支学科，研究用电子计算机模拟人的语言交际过程，使计算机能理解和运用人类社会的自然语言如汉语、英语等，实现人机之间的自然语言通信，以代替人的部分脑力劳动，包括查询资料、解答问题、摘录文献、汇编资料以及一切有关自然语言信息的加工处理。

（3）计算机视觉。是指用摄影机和电脑代替人眼对目标进行识别、跟踪和测量等机器视觉，并进一步做图形处理，成为更适合人眼观察或传送给仪器检测的图像（见图 3-7）。

计算机视觉用各种成像系统代替视觉器官作为输入敏感手段，由计算机来代替大脑完成处理和解释。计算机视觉的最终研究目标就是使计算机能像人那样通过视觉观察和理解世界，具有自主适应环境的能力。计算机视觉的应用包括控制过程、导航、自动检测等方面。

（4）智能机器人。如今我们的身边逐渐出现很多智能机器人（见图 3-8），它们具备形形色色的内、外部信息传感器，如视觉、听觉、触觉、嗅觉。除具有感受器外，它还有效应器，作为作用于周围环境的手段。这些机器人都离不开人工智能的技术支持。

图 3-7　计算机视觉应用

图 3-8　智能机器人

科学家们认为，智能机器人的研发方向是，给机器人装上“大脑芯片”，从而使其智能性更强，在认知学习、自动组织、对模糊信息的综合处理等方面将会前进一大步。

（5）自动程序设计。是指根据给定问题的原始描述，自动生成满足要求的程序。它是软件工程和人工智能相结合的研究课题。自动程序设计主要包含程序综合和程序验证两方面内容。前者实现自动编程，即用户只需告知机器“做什么”，无须告诉它“怎么做”，这后一步的工作由机器自动完成；后者是程序的自动验证，自动完成正确性的检查。其目的是提高软件生产率和软件产品质量。

自动程序设计的任务是设计一个程序系统，这个程序接受要实现的某个目标作为输入，然后自动生成一个能完成这个目标的具体程序。该研究的重大贡献之一是把程序调试的概念作为问题求解的策略来使用。

（6）数据挖掘。它一般是指通过算法搜索隐藏于大量数据中的信息的过程。它通常与计算机科学有关，并通过统计、在线分析处理、情报检索、机器学习、专家系统（依靠过去的经验法则）和模式识别等诸多方法来实现上述目标。它的分析方法包括：分类、估计、预测、相关性分组或关联规则、聚类和复杂数据类型挖掘。

2. 新图灵测试

数十年来，研究人员一直使用图灵测试来评估机器仿人思考的能力，但这个针对人工智能的评判标准已经使用了60年之久，研究者认为应该更新换代，开发出新的评判标准，以驱动人工智能研究在现代化的方向上更进一步。

新的图灵测试会包括更加复杂的挑战，加拿大多伦多大学的计算机科学家赫克托·莱维斯克建议采用“威诺格拉德模式挑战”。这个挑战要求人工智能回答关于语句理解的一些常识性问题。例如：“这个纪念品无法装在棕色手提箱内，因为它太大了。问：什么太大了？回答0表示纪念品，回答1表示手提箱。”

马库斯的建议是在图灵测试中增加对复杂资料的理解，包括视频、文本、照片和播客。比如，一个计算机程序可能会被要求“观看”一个电视节目或者YouTube视频，然后根据内容来回答问题，如“为什么电视剧《绝命毒师》中，老白打算甩开杰西？”

3.2 机 器 学 习

苹果手机提供了一个智能语音助手 Siri，一些电子邮箱依赖垃圾邮件过滤器来保持你的电子邮件收件箱的清洁，等等。你是否使用了类似这样的服务呢？如果回答是“是”，那么，事实上，你已经在利用机器学习了！机器学习是人工智能的一个分支（见图3-9），它所涉及的范围非常广，包括语言处理、图像识别和规划等等，但它实际上又是一个相当简单的概念。

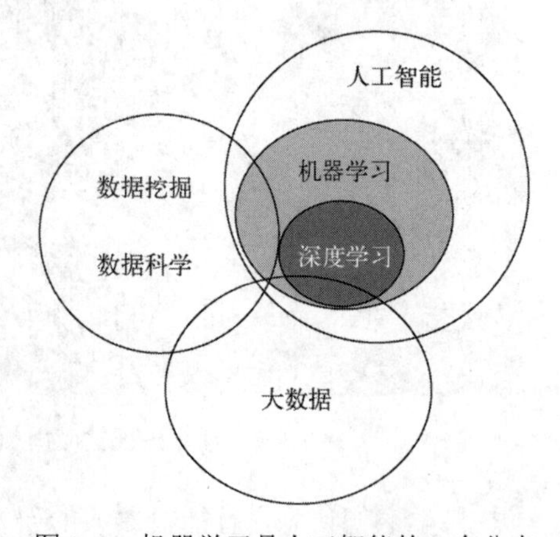

图3-9 机器学习是人工智能的一个分支

3.2.1 机器学习的发展

机器学习最早的发展可以追溯到英国数学家贝叶斯（1701—1761年）在1763年发表的贝叶斯定理，这是关于随机事件 A 和 B 的条件概率（或边缘概率）的

一则数学定理，是机器学习的基本思想。其中，P(*A* | *B*) 是指在 *B* 发生的情况下 *A* 发生的可能性，即根据以前的信息寻找最可能发生的事件。

$$P(B_i \mid A)=\frac{P(B_i)P(A \mid B_i)}{\sum_{j=1}^{n}P(B_j)P(A \mid B_j)}$$

人工智能的发展过程见图 3-10 第 1 时期的人工智能可分为 3 个阶段。

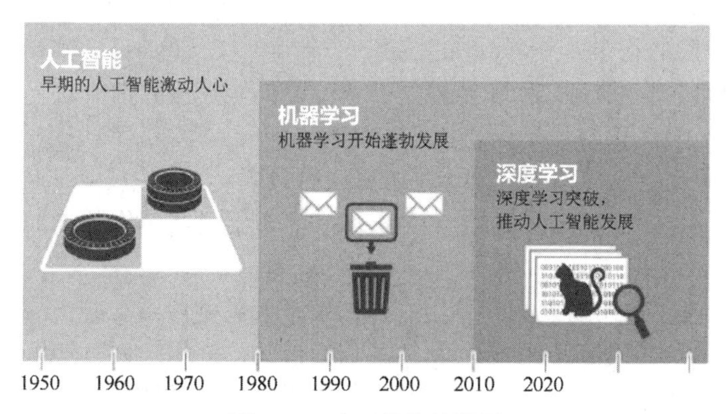

图 3-10　人工智能的发展

第一阶段是在 20 世纪 50 年代中叶到 60 年代中叶，属于热烈时期。

第二阶段是在 20 世纪 60 年代中叶至 70 年代中叶，被称为机器学习的冷静时期。

第三阶段是从 20 世纪 70 年代中叶至 80 年代中叶，称为复兴时期。

人工智能第 2 时期始于 1986 年，机器学习开始蓬勃发展，进入新阶段，进入新阶段的重要表现为：

（1）机器学习成为新的边缘学科，它综合应用心理学、生物学和神经生理学，以及数学、自动化和计算机科学形成机器学习理论基础。

（2）结合各种学习方法的多种形式集成学习系统研究正在兴起，更好地解决连续性信号处理中知识与技能的获取与求精问题受到重视。

（3）机器学习与人工智能各种基础问题的统一性观点正在形成。例如学习与问题求解结合进行、知识表达便于学习的观点产生了通用智能系统的组块学习。类比学习与问题求解结合的基于案例方法已成为经验学习的重要方向。

（4）各种学习方法的应用范围不断扩大，一部分已形成商品。归纳学习的知识获取工具已在诊断分类型专家系统中广泛使用；连接学习在声图文识别中占优势；分析学习已用于设计综合型专家系统；遗传算法与强化学习在工程控制中有较好的应用前景；与符号系统耦合的神经网络连接学习将在企业的智能管理与智能机器人运动规划中发挥作用。

（5）与机器学习有关的学术活动空前活跃。国际上除每年举行的机器学习研讨会外，还有计算机学习理论会议以及遗传算法会议。

机器学习在 1997 年达到巅峰，当时，IBM 深蓝国际象棋电脑在一场国际象棋比赛中击败了世界冠军加里·卡斯帕罗夫。近年来，谷歌开发了专注于中国棋类游戏围棋的 AlphaGo（阿尔法狗），该游戏被普遍认为是世界上最难的游戏。尽管围棋被认为过于复杂，以至于一台电脑无法掌握，但 2016 年 AlphaGo 终于获得胜利，在一场五局比赛中击败了围棋世界冠军李世石（见图 3-11）。

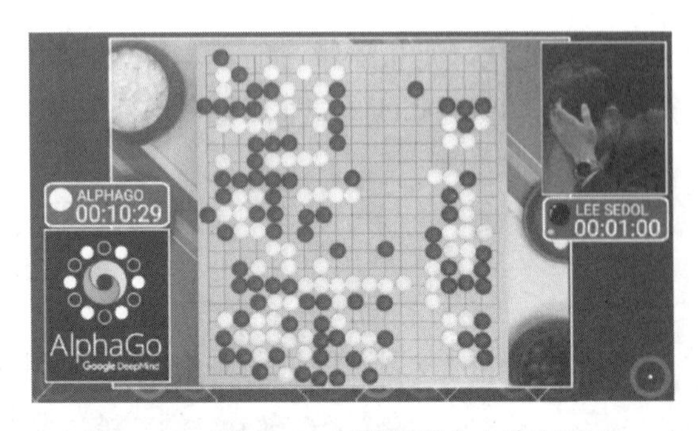

图 3-11　AlphaGo 在围棋赛中击败李世石

3.2.2　机器学习的定义

学习是人类具有的一种重要的智能行为，但究竟什么是学习，长期以来却众说纷纭。社会学家、逻辑学家和心理学家都各有其不同的看法。比如，兰利（1996）的定义是：**“机器学习是一门人工智能的科学，该领域的主要研究对象是人工智能，特别是如何在经验学习中改善具体算法的性能。”**

汤姆·米切尔（1997）对信息论中的一些概念有详细的解释，其中定义机器学习时提到：**“机器学习是对能通过经验自动改进的计算机算法的研究。”**

Alpaydin（2004）提出自己对机器学习的定义：**“机器学习是用数据或以往的经验，以此优化计算机程序的性能标准。”**

顾名思义，机器学习是研究如何使用机器来模拟人类学习活动的一门学科。较为严格的提法是：**机器学习是一门研究机器获取新知识和新技能，并识别现有知识的学问。这里所说的“机器”，指的就是计算机，电子计算机、中子计算机、光子计算机或神经计算机等。**

机器能否像人类一样具有学习能力？机器的能力是否能超过人的，很多持否定意见的人的一个主要论据是：机器是人造的，其性能和动作完全是由设计者规定的，因此无论如何其能力也不会超过设计者本人。这种意见对不具备学习能力的机器来说的确是对的，可是对具备学习能力的机器就值得考虑了，因为这种机器的能力在应用中不断地提高，过一段时间之后，设计者本人也不知它的能力到了何种水平。

由汤姆·米切尔给出的机器学习定义得到了广泛引用，其内容是：**“计算机程序可以在给定某种类别的任务 T 和性能度量 P 下学习经验 E，如果其在任务 T 中的性能恰好可以用 P 度量，则随着经验 E 而提高。”** 我们用简单的例子来分解这个描述。

示例：台风预测系统。假设你要构建一个台风预测系统，你手里有所有以前发生过的台风的数据和这次台风产生前三个月的天气信息（见图 3-12）。

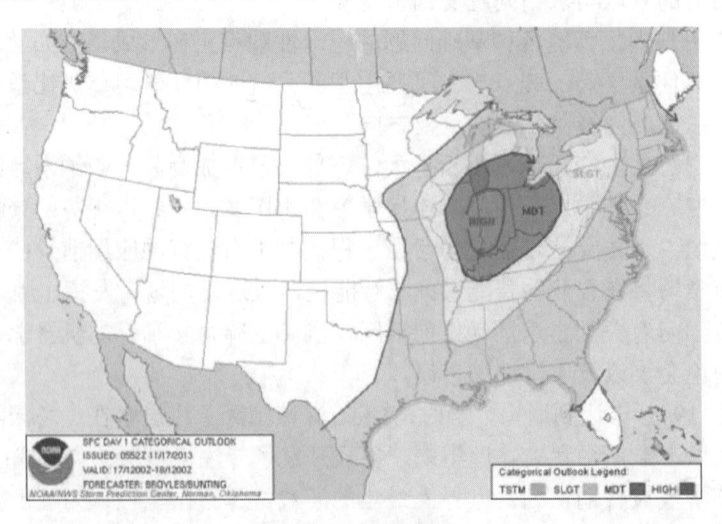

图 3-12　预测台风

如果要手动构建一个台风预测系统，我们应该怎么做？

首先是清洗所有的数据，找到数据里面的模式进而查找产生台风的条件。

我们既可以将模型条件数据（例如气温高于40度，湿度在80～100等）输入到我们的系统里面生成输出，也可以让我们的系统自己通过这些条件数据产生合适的输出。

可以把所有以前的数据输入到系统里面来预测未来是否会有台风。基于系统条件的取值，评估系统性能（正确预测台风的次数）。可以将系统预测结果作为反馈继续多次迭代以上步骤。

根据前边的解释来定义我们的预测系统：任务是确定可能产生台风的气象条件。性能P是在系统所有给定的条件下有多少次正确预测台风，经验E是系统的迭代次数。

3.2.3 机器学习的学习类型

机器学习的核心是“使用算法解析数据，从中学习，然后对世界上的某件事情做出决定或预测”。这意味着，与其显式地编写程序来执行某些任务，不如教计算机学会如何开发一个算法来完成任务。有三种主要类型的机器学习：监督学习、非监督学习和强化学习（见图3-13）。

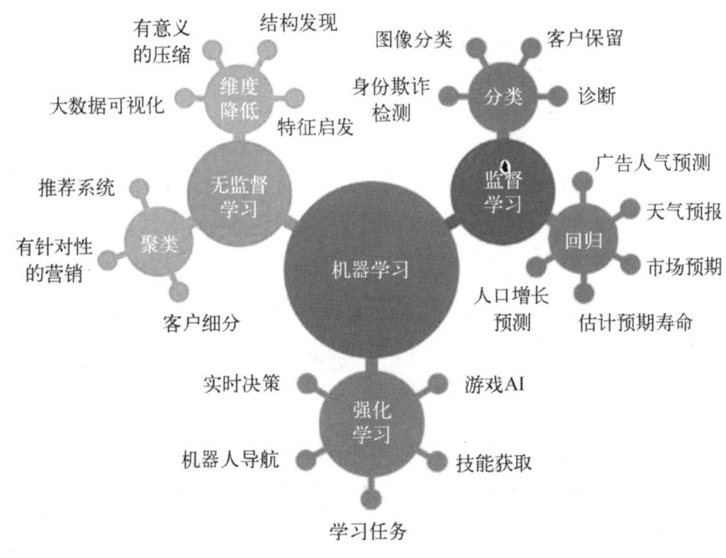

图3-13 机器学习的三种主要类型

1. 监督学习

监督学习（supervised learning）涉及一组标记数据，计算机可以使用特定的模式来识别每种标记类型的新样本，即在机器学习过程中提供对错指示，一般是在数据组中包含最终结果（0，1）。通过算法让机器自我减少误差。监督学习从给定的训练数据集中学习出一个函数，当接收到一个新的数据时，可以根据这个函数预测结果。监督学习的训练集要求包括输入和输出，也可以说是特征和目标，目标是由人标注的。监督学习的主要类型是分类和回归。

在分类中，机器被训练成将一个组划分为特定的类，一个简单例子就是电子邮件中的垃圾邮件过滤器。过滤器分析你以前标记为垃圾邮件的电子邮件，并将它们与新邮件进行比较，如果它们有一定的百分比匹配，这些新邮件将被标记为垃圾邮件并发送到适当的文件夹中。

在回归中，机器使用先前的（标记的）数据来预测未来，天气应用是回归的好例子。使用气象事件的历史数据（即平均气温、湿度和降水量），手机天气预报APP可以查看当前天气，并对未来时间的天气进行预测。

2．无监督学习

无监督学习（unsupervised learning）又称归纳性学习，通过循环和递减运算来减小误差，达到分类的目的。在无监督学习中，数据是无标签的。由于大多数真实世界的数据都没有标签，这样的算法就特别有用。无监督学习分为聚类和降维。聚类用于根据属性和行为对象进行分组。这与分类不同，因为这些组不是你提供的。聚类的一个例子是将一个组划分成不同的子组（例如，基于年龄和婚姻状况），然后应用到有针对性的营销方案中。降维通过找到共同点来减少数据集的变量。大多数大数据可视化使用降维来识别趋势和规则。

3．强化学习

强化学习使用机器的历史和经验来做出决定，其经典应用是玩游戏。与监督和非监督学习不同，强化学习不涉及提供“正确的”答案或输出。相反，它只关注性能，这反映了人类是如何根据积极和消极的结果学习的。很快就学会了不要重复这一动作。同样的道理，一台下棋的电脑可以学会不把它的国王移到对手的棋子可以进入的空间。然后，国际象棋的这一基本教训就可以被扩展和推断出来，直到机器能够打败人类顶级玩家为止。

3.2.4 专注于学习能力

机器学习专注于让人工智能具备学习任务的能力，使人工智能能够使用数据来教自己。程序员是通过机器学习算法来实现这一目标的。这些算法是人工智能学习行为所基于的模型。算法与训练数据集一起使人工智能能够学习。

例如，学习如何识别猫与狗的照片。人工智能将算法设置的模型应用于包含猫和狗图像的数据集。随着时间的推移，人工智能将学习如何更准确，更轻松地识别狗与猫而无须人工输入。

1．算法的特征与要素

算法能够对一定规范的输入，在有限时间内获得所要求的输出。如果一个算法有缺陷，或者不适合于某个问题，执行这个算法就不会解决这个问题。不同的算法可能用不同的时间、空间或效率来完成同样的任务。

一个算法应该具有以下 5 个重要特征：

（1）有穷性。是指算法必须能在执行有限个步骤之后终止。

（2）确切性。算法的每一步骤必须有确切的定义。

（3）输入项。一个算法有 0 个或多个输入，以刻画运算对象的初始情况。所谓 0 个输入是指算法本身给出了初始条件。

（4）输出项。一个算法有 1 个或多个输出，以反映对输入数据加工后的结果。没有输出的算法是毫无意义的。

（5）可行性。算法中执行的任何计算步骤都可以被分解为基本的可执行的操作步，即每个计算步都可以在有限时间内完成（也称为有效性）。

算法的要素主要是：

（1）数据对象的运算和操作：计算机可以执行的基本操作是以指令的形式描述的。一个计算机系统能执行的所有指令的集合，成为该计算机系统的指令系统。一个计算机的基本运算和操作有如下四类：

① 算术运算：加、减、乘、除运算。

② 逻辑运算：或、且、非运算。

③ 关系运算：大于、小于、等于、不等于运算。

④ 数据传输：输入、输出、赋值运算。

（2）算法的控制结构：一个算法的功能结构不仅取决于所选用的操作，而且还与各操作之间的执行顺序有关。

2．算法的评定

同一问题可用不同算法解决，而算法的质量优劣将影响算法乃至程序的效率。算法分析的目的在于选择合适算法和改进算法。算法评价主要从时间复杂度和空间复杂度来考虑：

（1）时间复杂度。是指执行算法所需要的计算工作量。一般来说，计算机算法是问题规模的正相关函数。

（2）空间复杂度。是指算法需要消耗的内存空间。其计算和表示方法与时间复杂度类似，一般都用复杂度的渐近性来表示。同时间复杂度相比，空间复杂度的分析要简单得多。

（3）正确性。是评价一个算法优劣的最重要的标准。

（4）可读性。是指一个算法可供人们阅读的容易程度。

（5）健壮性。是指一个算法对不合理数据输入的反应能力和处理能力，也称为容错性。

3.2.5 机器学习的算法

学习是一项复杂的智能活动，学习过程与推理过程是紧密相连的。学习中所用的推理越多，系统的能力越强。要完全理解大多数机器学习算法，需要对一些关键的数学概念有一个基本的理解，这些概念包括线性代数、微积分、概率论和统计学知识（见图 3-14）。

- 线性代数概念包括：矩阵运算、特征值/特征向量、向量空间和范数。
- 微积分概念包括：偏导数、向量-值函数、方向梯度。
- 统计概念包括：贝叶斯定理、组合学、抽样方法。

1．回归算法

回归算法（见图 3-15）是最流行的机器学习算法，它以速度而闻名，是最快速的机器学习算法之一。线性回归算法是基于连续变量预测特定结果的监督学习算法。Logistic 回归专门用来预测离散值。

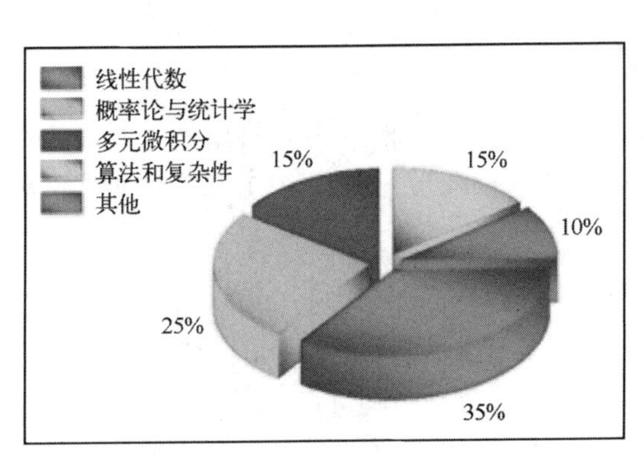

图 3-14 机器学习所需的数学主题的重要性

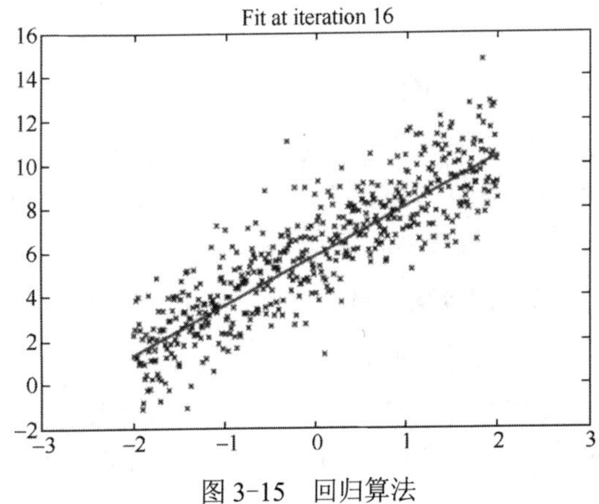

图 3-15 回归算法

2. 基于实例的算法

最著名的基于实例的算法是 K-最近邻算法，也称为 KNN（K-Nearest Neighbor）算法，它是机器学习中最基础和简单的算法之一，它既能用于分类，也能用于回归。KNN 算法有一个十分特别的地方：它没有一个显式的学习过程。它的工作原理是利用训练数据对特征向量空间进行划分，并将其划分的结果作为其最终的算法模型。KNN 用于分类，比较数据点的距离，并将每个点分配给它最接近的组。

3. 决策树算法

决策树算法将一组“弱”学习器集合在一起，形成一种强算法，这些学习器组织在树状结构中，相互分支。一种流行的决策树算法是随机森林算法。在该算法中，弱学习器是随机选择的，通过学习往往可以获得一个强预测器。

在下面的例子（见图 3-16）中，我们可以发现许多共同的特征（就像眼睛是蓝的或者不是蓝色的），它们都不足以单独识别动物。然而，当我们把所有这些观察结合在一起时，我们就能形成一个更完整的画面，并做出更准确的预测。

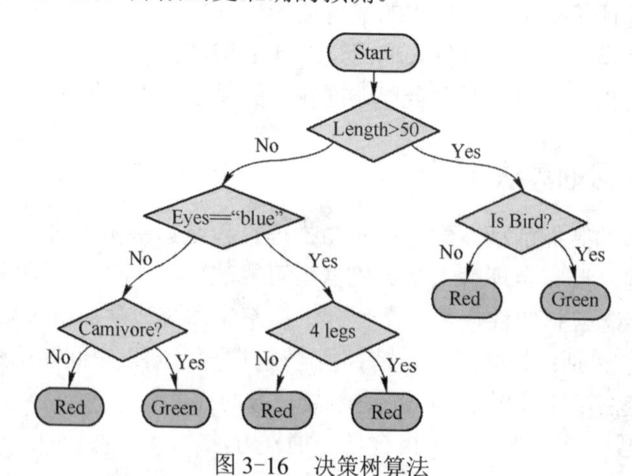

图 3-16　决策树算法

4. 贝叶斯算法

事实上，前面的算法都是基于贝叶斯（Bayes）理论的，最流行的算法是朴素贝叶斯，它经常用于文本分析。例如，大多数垃圾邮件过滤器使用贝叶斯算法，通过用户输入的类标记数据来比较新数据并对其进行适当分类。

5. 聚类算法

聚类算法的重点是发现元素之间的共性并对它们进行相应的分组，常用的聚类算法是 k-means 聚类算法。在 k-means 中，分析人员选择簇数（以变量 k 表示），并根据物理距离将元素分组为适当的聚类。

6. 神经网络算法

人工神经网络算法基于生物神经网络的结构，神经网络模型针对这个庞大且极其复杂的神经网络，深度学习使用少量的标记数据和更多的未标记数据对其进行更新。神经网络和深度学习有许多输入，它们经过几个隐藏层后才产生一个或多个输出。这些连接形成一个特定的循环，模仿人脑处理信息和建立逻辑连接的方式。此外，随着算法的运行，隐藏层往往变得更小、更细微。

一旦选定了算法，还有一个非常重要的步骤，就是可视化和交流结果。虽然与算法编程的细节相比，这看起来比较简单，但是，如果没有人能够理解，那么惊人的洞察力又有什么用呢？

3.2.6 机器学习的基本结构

机器学习的基本流程是：数据预处理→模型学习→模型评估→新样本预测。机器学习与人脑思考的对比如图 3-17 所示。

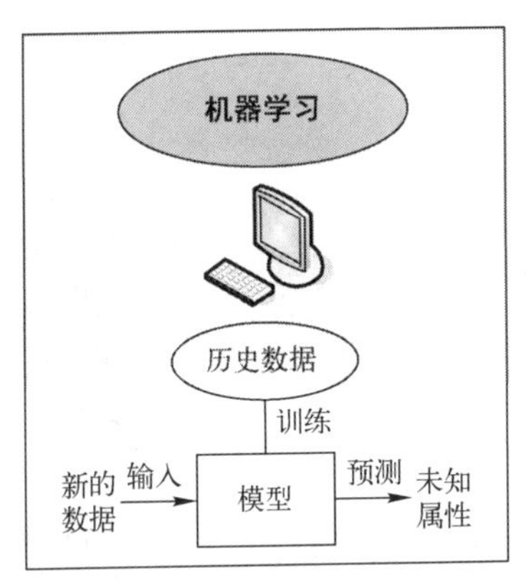

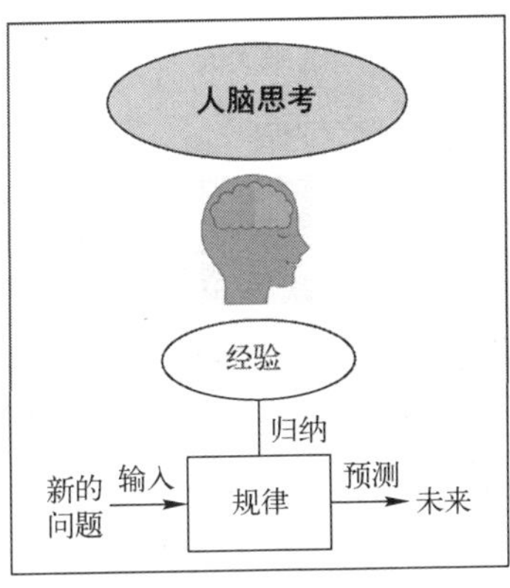

图 3-17 机器学习与人脑思考的对比

在学习系统的基本结构中，环境向系统的学习部分提供某些信息，学习部分利用这些信息修改知识库，以增进系统执行部分完成任务的效能，执行部分根据知识库完成任务，同时把获得的信息反馈给学习部分。在具体的应用中，环境、知识库和执行部分决定了工作内容，确定了学习部分所需要解决的问题。

1. 环境

环境向系统提供信息，更具体地说，信息的质量是影响学习系统设计的最重要的因素。知识库里存放的是指导执行部分动作的一般原则，但环境向学习系统提供的信息却是各种各样的。如果信息的质量比较高，与一般原则的差别比较小，则学习部分比较容易处理。如果向学习系统提供的是杂乱无章的指导执行具体动作的信息，则学习系统需要在获得足够数据之后，删除不必要的细节，进行总结推广，形成指导动作的一般原则，放入知识库，这样学习部分的任务就比较繁重，设计起来也较为困难。

因为学习系统获得的信息往往是不完全的，所以学习系统所进行的推理并不完全是可靠的，它总结出来的规则可能正确，也可能不正确，这要通过执行效果加以检验。正确的规则能使系统的效能提高，应予保留；不正确的规则应予修改或从数据库中删除。

2. 知识库

这是影响学习系统设计的第二个因素。知识的表示有多种形式，比如特征向量、一阶逻辑语句、产生式规则、语义网络和框架等。这些表示方式各有其特点，在选择表示方式时要兼顾以下 4 个方面：

（1）表达能力强。

（2）易于推理。

（3）容易修改知识库。

（4）知识表示易于扩展。

学习系统不能在没有任何知识的情况下凭空获取知识，每一个学习系统都要求具有某些知识理解环境提供的信息，通过分析比较，做出假设，检验并修改这些假设。因此，更确切地说，学习系统是对现有知识的扩展和改进。

3. 执行部分

执行部分是整个学习系统的核心，因为执行部分的动作就是学习部分力求改进的动作。同执行部分有关的问题有 3 个：复杂性、反馈和透明性。

3.2.7　机器学习的应用

机器学习有巨大的潜力来改变和改善世界，使社会朝着真正的人工智能迈进了一大步。机械学习的主要目的是为了从使用者和输入数据等处获得知识或技能，重新组织已有的知识结构使之不断改善自身的性能，从而可以减少错误，帮助解决更多问题，提高解决问题的效率。它是人工智能的核心，是使计算机具有智能的根本途径，其应用遍及人工智能的各个领域，它主要使用归纳、综合而不是演绎。

例如，机器翻译中最重要的过程是学习人类怎样翻译语言，程序通过阅读大量翻译内容来实现对语言的理解。以汉语 VS 日语来举例，机器学习的原理很简单，当一个相同的词语在几个句子中出现时，只要通过对比日语版本翻译中同样在对应句子中出现的短语，便可知道它的日语翻译是什么（见图 3-18），按照这种方式不难推测：

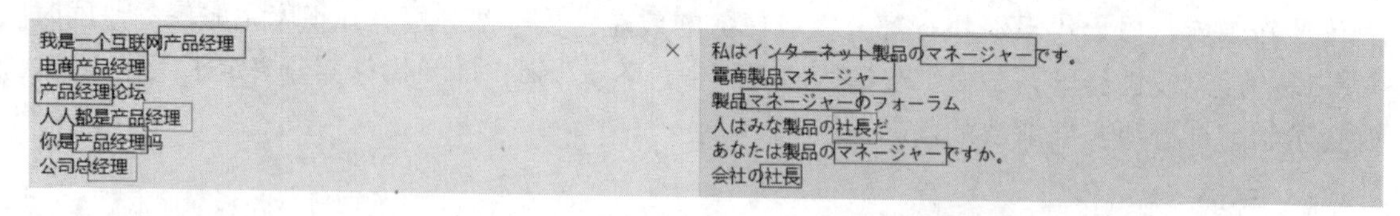

图 3-18　汉语 VS 日语

（1）“产品经理”一词的日语可翻译为“マネージャー”；

（2）“经理”则一般翻译为“社长”。

机器学习在识别词汇时可以不追求完全匹配，只要匹配达到一定比例便可认为这是一种可能的翻译方式。机器学习已经有了十分广泛的应用，但是，什么是机器学习能产生影响的下一个主要领域呢？

1. 应用于物联网

物联网（Internet of Things，简称 IoT），是指连接各类物理设备的互联网。比如接入物联网的智能灯泡（见图 3-19），通过手机 app 可以完成开灯、关灯操作或监控其状态。随着机器学习的进步，物联

图 3-19　智能灯泡

网设备比以往任何时候都更聪明、更复杂。基于机器学习通过物联网相关的应用可以使你的设备变得更智能和收集数据。让设备变得更智能是非常简单的：使用机器学习来个性化你的环境，比如，用面部识别软件来感知你住哪个房间，并相应地提前打开空调等相关设备。收集数据更加简单，通过在你的家中网络有效连接的设备（如亚马逊回声）收集你及家人的喜好等关键信息，将其传递给广告商，比如电视显示你最喜好看的电视频道或电视节目等。

2．应用于自动驾驶

如今，有不少大型企业正在开发无人驾驶汽车（见图 3-20），这些汽车使用了通过机器学习实现导航、维护和安全程序的技术。一个例子是交通标志传感器，它使用监督学习算法来识别和解析交通标志，并将它们与一组标有标记的标准标志进行比较。这样，汽车就能看到停车标志，并认识到它实际上意味着停车，而不是转弯，单向或人行横道。

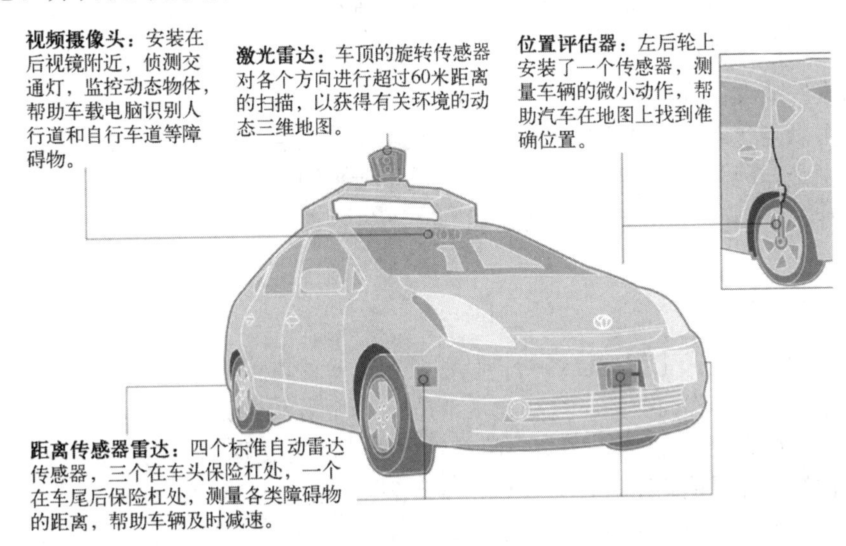

图 3-20　自动驾驶示意

3.3　智能图像处理

模式识别（pattern recognition）原本是人类的一项基本智能，是指对表征事物或现象的不同形式（数值、文字和逻辑关系）的信息做分析和处理，从而得到一个对事物或现象做出描述、辨认和分类等的过程。随着计算机技术的发展和人工智能的兴起，人类自身的模式识别已经满足不了社会发展的需要，于是就希望用计算机来代替或扩展人类的部分脑力劳动。这样，模拟人类图像识别过程（见图 3-21）的计算机图像识别技术就产生了。

模式识别又称为模式分类，是信息科学和人工智能的重要组成部分。从处理问题的性质和解决问题的方法等角度，模式识别分为有监督分类和无监督分类两种。模式还可分成抽象和具体两种形式。前者如意识、思想、议论等，属于概念识别研究的范畴，是人工智能的另一研究分支。这里所指的模式识别主要是对语音波形、地震波、心电图、脑电图、图片、照片、文字、符号、生物传感器等对象的具体模式进行辨识和分类（见图 3-22）。在图像识别的过程中进行模式识别是必不可少的，要实现计算机视觉必须有图像处理的帮助，而图像处理依赖于模式识别的有效运用。

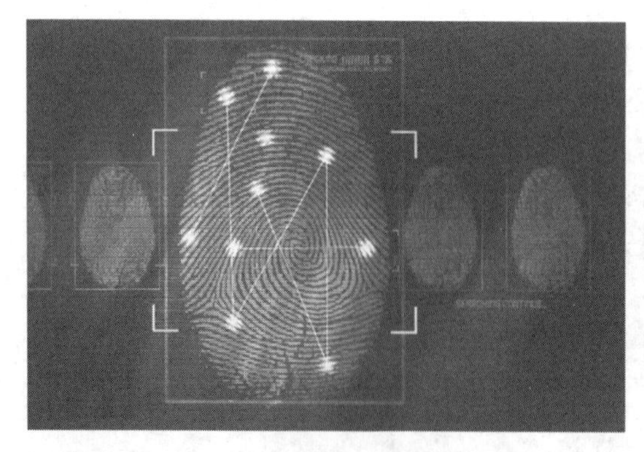

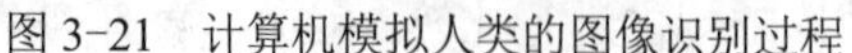

图 3-21　计算机模拟人类的图像识别过程

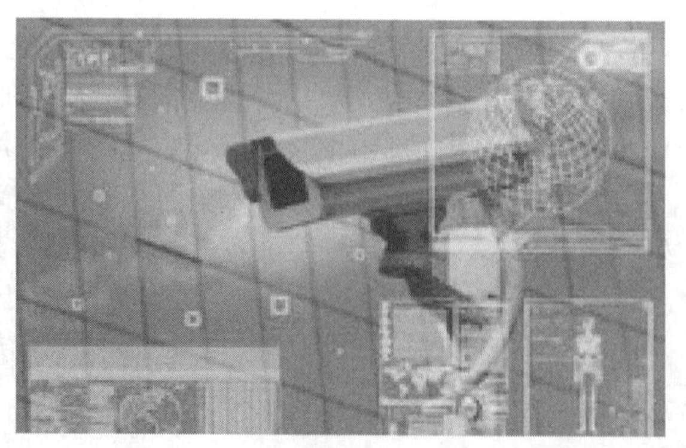

图 3-22　模式识别应用于视频监控系统

模式识别研究主要集中在两方面，一是研究生物体（包括人）是如何感知对象的，属于认识科学的范畴；二是在给定的任务下，如何用计算机实现模式识别的理论和方法。应用计算机对一组事件或过程进行辨识和分类，所识别的事件或过程可以是文字、声音、图像等具体对象，也可以是状态、程度等抽象对象。这些对象与数字形式的信息相区别，称为模式信息。模式识别是一门与数学紧密结合的科学，其中所用的思想方法大部分是概率与统计。模式识别与统计学、心理学、语言学、计算机科学、生物学、控制论等都有关系。

3.3.1　图像识别

随着时代的进步，人工智能已经初步具备了一定的意识。人类拥有记忆，拥有“高明”的识别系统，比如告诉你面前的一只动物是“猫”，以后你再看到猫，就可以认出来。人类通过眼睛接收到光源反射，“看”到了自己眼前的事物，但是很多内容元素人们可能并不在乎；就像曾经与你擦肩而过的一个人，如果你再次看到不一定会记得他，但是人工智能会记住所有它见过的任何人，任何事物。

例如图 3-23 所示，人类会觉得这是很简单的黄黑相间条纹。不过，如果你问问最先进的人工智能，它给出的答案也许是“99%的概率是校车”。对于图 3-24，人工智能系统虽不能看出这是一条戴着墨西哥帽的吉娃娃狗（有的人也未必能认出），但是起码能识别出这是一条戴着宽边帽的狗。

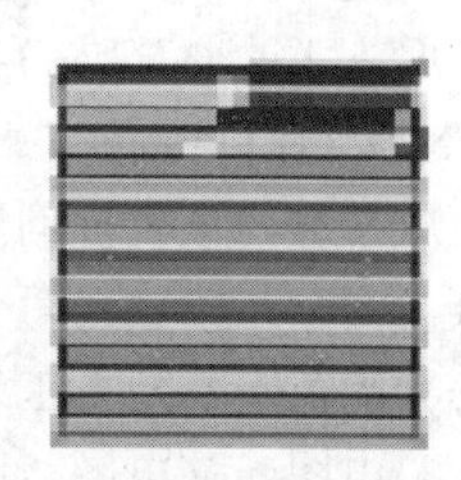

图 3-23　黄黑间条

图 3-24　识别戴着墨西哥帽的吉娃娃狗

怀俄明大学进化人工智能实验室的一项研究表明，人工智能未必总是那么灵光，也会把这些随机生成的简单图像当成鹦鹉、乒乓球拍或者蝴蝶。当研究人员把这个研究结果提交给神经信息处理系统大会进行讨论时，专家形成了泾渭分明的两派意见。一组人领域经验丰富，他们认为这个结果是完全可以理解的；另一组人则对研究结果的态度是困惑的。

图像识别（image identification），是指利用计算机对图像进行处理、分析和理解，以识别各种不同模式的目标和对象的技术，是深度学习算法的一种实践应用。图像识别技术一般分为人脸识别与商品识别，人脸识别主要运用在安全检查、身份核验与移动支付中；商品识别主要运用在商品流通过程中，特别是无人货架、智能零售柜等无人零售领域 。另外，在地理学中，图像识别也指将遥感图像进行分类的技术。

3.3.2 图像识别的基础

图像识别以图像的主要特征为基础。每个图像都有它的特征，如字母 A 有个尖，P 有个圈，而 Y 的中心有个锐角等。对图像识别时眼动的研究表明，视线总是集中在图像的主要特征上，也就是集中在图像轮廓曲度最大或轮廓方向突然改变的地方，这些地方的信息量最大。而且，眼睛的扫描路线也总是依次从一个特征转到另一个特征上。由此可见，在图像识别过程中，知觉机制必须排除输入的多余信息，抽出关键的信息。同时，在大脑里必定有一个负责整合信息的机制，它能把分阶段获得的信息整理成一个完整的知觉映像。

人类对复杂图像的识别往往要通过不同层次的信息加工才能实现。对于熟悉的图形，由于掌握了它的主要特征，就会把它当作一个单元来识别，而不再注意它的细节。这种由孤立单元材料组成的整体单位叫作组块，每一个组块是同时被感知的。在文字材料的识别中，人们不仅可以把一个汉字的笔画或偏旁等单元组成一个组块，而且能把经常在一起出现的字或词组成组块单位来加以识别。

图 3-25　用图像特征进行描述

在计算机视觉识别系统中，图像内容通常用图像特征进行描述（见图 3-25）。事实上，基于计算机视觉的图像检索也可以分为类似文本搜索引擎的三个步骤：提取特征、建立索引以及查询。

3.3.3 图像识别的模型

图像识别是人工智能的一个重要领域。为了编制模拟人类图像识别活动的计算机程序，人们提出了不同的图像识别模型。

例如，**模板匹配模型**认为，识别某个图像，必须在过去的经验中有这个图像的记忆模式，又叫模板。当前的刺激如果能与大脑中的模板相匹配，这个图像也就被识别了。例如有一个字母 A，如果在大脑中有个 A 模板，字母 A 的大小、方位、形状都与这个 A 模板完全一致，字母 A 就被识别了。这个模型简单明了，也容易得到实际应用。但这种模型强调图像必须与脑中的模板完全符合才能加以识别，而事实上人不仅能识别与脑中的模板完全一致的图像，也能识别与模板不完全一致的图像。例如，人们不仅能识别某一个具体的字母 A，也能识别印刷体的、手写体的、方向不正的、大小不同的各种字母 A。同时，人能识别的图像是大量的，如果所识别的每一个图像在大脑中都有一个相应的模板，也是不可能的。

为了解决模板匹配模型存在的问题，格式塔心理学家又提出了一个**原型匹配模型**。这种模型认为，在长时记忆中存储的并不是所要识别的无数个模板，而是图像的某些“相似性”。从图像中抽象出来的“相似性”就可作为原型，拿它来检验所要识别的图像。如果能找到一个相似的原型，这个图像也就被识别了。这种模型从神经上和记忆探寻的过程上来看，都比模板匹配模型更适宜，而且还能识别一些不规则的，但某些方面与原型相似的图像。但是，这种模型没有说明人是怎样对相似的刺激进行辨别和加工的，它也难以在计算机程序中得到实现。因此又有人提出了一个更复杂的模型，即**“泛魔”识别模型**。工业领域采用工业相机拍摄图片，然后利用软件根据图片灰阶差做处理后识别出有用信息。

3.3.4 图像识别的发展

图像识别的发展经历了三个阶段：

（1）文字识别：研究开始于 1950 年。一般是识别字母、数字和符号，从印刷文字识别到手写文字识别，应用非常广泛。

（2）数字图像处理和识别：研究开始于 1965 年。数字图像与模拟图像相比具有存储、传输方便可压缩、传输过程中不易失真、处理方便等巨大优势，这些都为图像识别技术的发展提供了强大的动力。

（3）物体识别：主要是指对三维世界的客体及环境的感知和认识，属于高级的计算机视觉范畴。它是以数字图像处理与识别为基础的结合人工智能、系统学等学科的研究方向，其研究成果被广泛应用在各种工业及探测机器人上。

图像识别的方法主要有三种：统计模式识别、结构模式识别、模糊模式识别。

图像分割是图像处理中的一项关键技术，自 20 世纪 70 年代以来，其研究一直都受到人们的高度重视，借助于各种理论提出了数以千计的分割算法。

图像分割的方法有许多种，如阈值、边缘检测、区域提取、结合特定理论工具等。从图像的类型来分，有灰度图像、彩色图像和纹理图像等。早在 1965 年就有人提出了检测边缘算子，使得边缘检测产生了不少经典算法。随着基于直方图和小波变换的图像分割方法的研究、计算技术、VLSI 技术的迅速发展，有关图像处理方面的研究已经取得了很大的进展。

图像分割方法结合了一些特定理论、 方法和工具，如基于数学形态学的图像分割、基于小波变换的分割、基于遗传算法的分割等。现代图像识别技术的一个不足就是自适应性能差，一旦目标图像被较强的噪声污染或是目标图像有较大残缺往往就得不出理想的结果。

3.3.5 机器视觉

智能图像处理是指一类基于计算机的自适应于各种应用场合的图像处理和分析技术，本身是一个独立的理论和技术领域，但同时又是机器视觉中的一项十分重要的技术支撑。

机器视觉（Machine Vision）是人工智能领域中发展迅速的一个重要分支，正处于不断突破、走向成熟的阶段。一般认为，机器视觉**“是通过光学装置和非接触传感器自动地接收和处理一个真实场景的图像，通过分析图像获得所需信息或用于控制机器运动的装置”**。具有智能图像处理功能的机器视觉，相当于人们在赋予机器智能的同时为机器按上了眼睛（见

图 3-26），使机器能够“看得见”、“看得准”，可替代甚至胜过人眼做测量和判断，使得机器视觉系统可以实现高分辨率和高速度的控制。而且，机器视觉系统与被检测对象无接触，安全可靠。

机器视觉的起源可追溯到 20 世纪 60 年代美国学者 L. R. 罗伯兹对多面体积木世界的图像处理研究，以及 70 年代麻省理工学院（MIT）人工智能实验室“机器视觉”课程的开设。到 80 年代，全球性机器视觉研究热潮开始兴起，出现了一些基于机器视觉的应用系统。90 年代以后，随着计算机和半导体技术的飞速发展，机器视觉的理论和应用得到进一步发展。

进入 21 世纪后，机器视觉技术的发展速度更快，已经大规模地应用于多个领域，如智能制造、智能交通、医疗卫生、安防监控等领域。常见机器视觉系统主要分为两类，一类是基于计算机的，如工控机或 PC，另一类是更加紧凑的嵌入式设备。典型的基于工控机的机器视觉系统主要包括：光学系统，摄像机和工控机（包含图像采集、图像处理和分析、控制/通信）等单元（见图 3-27）。机器视觉系统对核心的图像处理要求算法准确、快捷和稳定，同时还要求系统的实现成本低，升级换代方便。

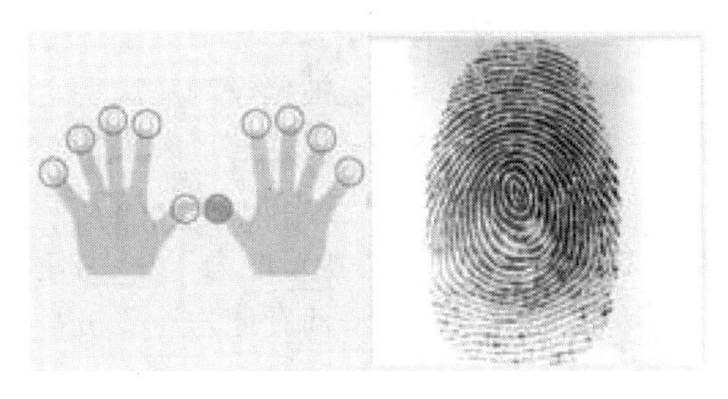

图 3-26　图像处理与模式识别应用于指纹识别

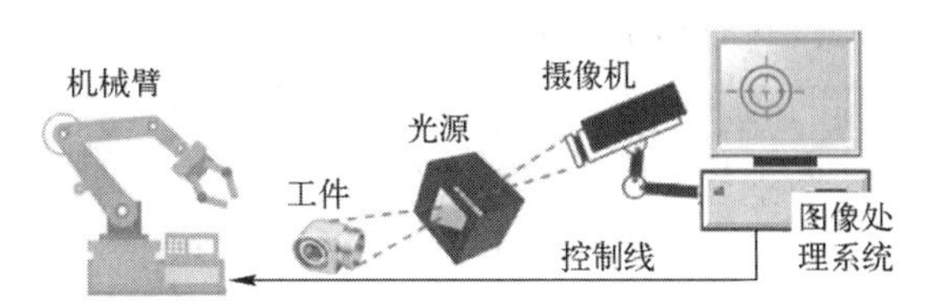

图 3-27　机器视觉系统

3.3.6　图像处理

图像处理（Image processing）又称影像处理，是利用计算机技术与数学方法，对图像、视频信息的表示、编解码、图像分割、图像质量评价、目标检测与识别，以及立体视觉等方面进行分析，开展科学研究。主要研究内容包括：图像、视频的模式识别和安全监控、医学和材料图像处理、演化算法、人工智能、粗糙集和数据挖掘等。在人脸识别、指纹识别、文字检测和识别、语音识别，以及多个领域的信息管理系统等方面均有广泛应用。

图像处理一般指数字图像处理，数字图像是指用数字摄像机、扫描仪等设备经过采样和数字化得到的一个大的二维数组，该数组的元素称为像素，其值为一个整数，称为灰度值。图像处理技术的主要内容包括图像压缩，增强和复原，匹配、描述和识别 3 个部分。常见的处理有图像数字化、图像编码、图像增强、图像复原、图像分割和图像分析等。

3.3.7　计算机视觉

从图像处理和模式识别发展起来的计算机视觉（computervision）是用计算机来模拟人的视觉机理获取和处理信息的能力，就是指用摄影机和电脑代替人眼对目标进行识别、跟踪和测量等机器视觉，并进一步做图像处理，用电脑处理成为更适合人眼观察或传送给仪器检测的图像。计算机视觉研究相关的理论和技术，试图建立能够从图像或者多维数据中获取“信息”的人工智能系统。计算机视觉的挑战是要为计算机和机器人开发具有与人类水平相当的视觉能力。

计算机视觉研究对象之一是如何利用二维投影图像恢复三维景物世界。计算机视觉的理论方法主要是基于几何、概率和运动学计算与三维重构的视觉计算理论，它的基础包括射影几何学、刚体运动力学、概率论与随机过程、图像处理、人工智能等理论。

计算机视觉要达到的基本目的包括：

（1）根据一幅或多幅二维投影图像计算出观察点到目标物体的距离；

（2）根据一幅或多幅二维投影图像计算出目标物体的运动参数；

（3）根据一幅或多幅二维投影图像计算出目标物体的表面物理特性；

（4）根据多幅二维投影图像恢复出更大空间区域的投影图像。

计算机视觉要达到的最终目的是实现利用计算机对于三维景物世界的理解，即实现人的视觉系统的某些功能。

在计算机视觉领域里，医学图像分析、光学文字识别对模式识别的要求需要提到一定高度。又如模式识别中的预处理和特征抽取环节应用图像处理的技术；图像处理中的图像分析也应用模式识别的技术。在计算机视觉的大多数实际应用当中，计算机被预设为解决特定的任务，然而基于机器学习的方法正日渐普及，一旦机器学习的研究进一步发展，未来“泛用型”的电脑视觉应用或许可以成真。

人工智能所研究的一个主要问题是：如何让系统具备“计划”和“决策能力”，从而使之完成特定的技术动作（例如：移动一个机器人通过某种特定环境）。这一问题便与计算机视觉问题息息相关。在这里，计算机视觉系统作为一个感知器，为决策提供信息。另外一些研究方向包括模式识别和机器学习（这也隶属于人工智能领域，但与计算机视觉有着重要联系）。由此，计算机视觉时常被看作人工智能与计算机科学的一个分支。

为了达到计算机视觉的目的，有两种技术途径可以考虑。第一种是仿生学方法，即从分析人类视觉的过程入手，利用大自然提供给我们的最好参考系——人类视觉系统，建立起视觉过程的计算模型，然后用计算机系统实现之。第二种是工程方法，即脱离人类视觉系统框框的约束，利用一切可行和实用的技术手段实现视觉功能。此方法的一般做法是，将人类视觉系统作为一个黑盒子对待，实现时只关心对于某种输入，视觉系统将给出何种输出。这两种方法理论上都是可以使用的，但面临的困难是，人类视觉系统对应某种输入的输出到底是什么，这是无法直接测得的。而且由于人的智能活动是一个多功能系统综合作用的结果，即使是得到了一个输入输出对，也很难肯定它是仅由当前的输入视觉刺激所产生的响应，而不是一个与历史状态综合作用的结果。

不难理解，计算机视觉的研究具有双重意义。其一，是为了满足人工智能应用的需要，即用计算机实现人工的视觉系统的需要。这些成果可以安装在计算机和各种机器上，使计算机和机器人能够具有“看”的能力。其二，视觉计算模型的研究结果反过来对于我们进一步认识和研究人类视觉系统本身的机理，甚至人脑的机理，也同样具有相当大的参考意义。

3.3.8 计算机视觉与机器视觉的区别

一般认为，计算机就是机器的一种，那么，计算机视觉与机器视觉有什么区别呢？

（1）定义不同。计算机视觉是一门研究如何使机器“看”的科学，更进一步地说，是指用摄影机和电脑代替人眼对目标进行识别、跟踪和测量等机器视觉，并进一步做图像处理，成为更适合人眼观察或传送给仪器检测的图像。

机器视觉是用机器代替人眼来做测量和判断的。机器视觉系统是通过机器视觉产品（即图像摄取装置，分 CMOS 和 CCD 两种）将被摄取目标转换成图像信号，传送给专用的图像处理系统，得到被摄目标的形态信息，根据像素分布和亮度、颜色等信息，转变成数字信号；图像系统对这些信号进行各种运算来抽取目标的特征，进而根据判别的结果来控制现场的设备动作。

（2）原理不同。计算机视觉是用各种成像系统代替视觉器官作为输入敏感手段，由计算机来代替大脑完成处理和解释的。计算机视觉的最终研究目标就是使计算机能像人那样通过视觉观察和理解世界，具有自主适应环境的能力。要经过长期的努力才能达到的目标。

因此，在实现最终目标以前，人们努力的中期目标是建立一种视觉系统，这个系统能依据视觉敏感和反馈的某种程度的智能完成一定的任务。例如，计算机视觉的一个重要应用领域就是自主车辆的视觉导航，还没有条件实现像人那样能识别和理解任何环境，完成自主导航的系统。

人们的研究目标是实现在高速公路上具有道路跟踪能力，可避免与前方车辆碰撞的视觉辅助驾驶系统。这里要指出的一点是在计算机视觉系统中计算机起代替人脑的作用，但并不意味着计算机必须按人类视觉的方法完成视觉信息的处理。

计算机视觉可以而且应该根据计算机系统的特点来进行视觉信息的处理。但是，人类视觉系统是迄今为止，人们所知道的功能最强大和完善的视觉系统。在以下的章节中会看到，对人类视觉处理机制的研究将给计算机视觉的研究提供启发和指导。

因此，用计算机信息处理的方法研究人类视觉的机理，建立人类视觉的计算理论，也是一个非常重要和令人感兴趣的研究领域。这方面的研究被称为计算视觉（Computational Vision）。计算视觉可被认为是计算机视觉中的一个研究领域。

机器视觉的检测系统采用 CCD（电荷耦合元件）照相机将被检测的目标转换成图像信号，传送给专用的图像处理系统，根据像素分布和亮度、颜色等信息，转变成数字信号。

3.3.9 神经网络的图像识别技术

神经网络图像识别技术是在传统的图像识别方法和基础上融合神经网络算法的一种图像识别方法。其中，遗传算法与 BP 网络相融合的神经网络图像识别模型是非常经典的，在很多领域都有应用。在图像识别系统中利用神经网络系统，一般会先提取图像的特征，再将其映射到神经网络进行图像识别分类。

以汽车拍照自动识别技术为例，当汽车通过的时候，汽车自身具有的检测设备会有所感应。此时检测设备就会启用图像采集装置来获取汽车正反面的图像，再将图像上传到计算机进行保存以便识别。最后车牌定位模块就会提取车牌信息，对车牌上的字符进行识别并显示最终的结果，识别的过程中就用到了基于模板匹配算法和基于人工神经网络算法。

3.3.10 机器视觉的行业应用

图像是人类获取和交换信息的主要来源，因此与图像相关的图像识别技术必定也是未来的研究重点。计算机的图像识别技术（见图 3-28）在很多领域都有应用。例如交通方面的车牌识别系统，公共安全方面的人脸识别技术、指纹识别技术，农业方面的种子识别技术、食品品质检测技术，医学方面的心电图识别技术等。随着计算机技术的不断发展，图像识别技术也在不断优化，算法也在不断改进。

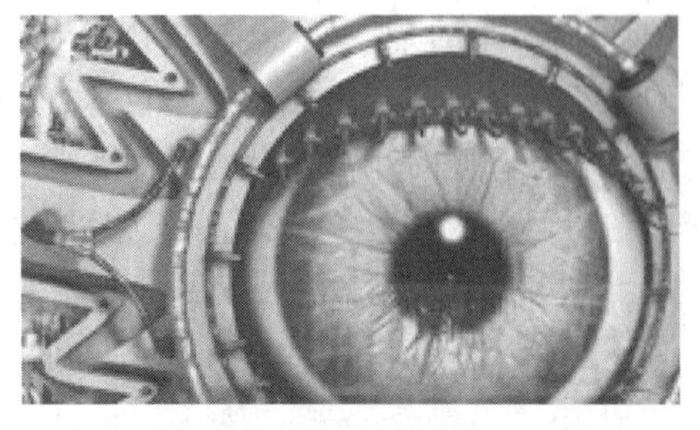

图 3-28　图像识别技术的应用

机器视觉的应用主要体现在半导体及电子行业，其中大概 40%～50%都集中在半导体行业。例如：①PCB 印刷电路：各类印刷电路板组装技术、设备；单、双面、多层线路板，覆铜板及所需的材料及辅料；辅助设施以及耗材、油墨、药水药剂、配件；电子封装技术与设备；丝网印刷设备及丝网周边材料等。②SMT 表面贴装：SMT 工艺与设备、焊接设备、测试仪器、返修设备及各种辅助工具及配件、SMT 材料、贴片剂、胶粘剂、焊剂、焊料及防氧化油、焊膏、清洗剂等；再流焊机、波峰焊机及自动化生产线设备。③电子生产加工设备：电子元件制造设备、半导体及集成电路制造设备、元器件成型设备、电子工模具。

机器视觉系统还在质量检测的各个方面得到了广泛的应用，并且其产品在应用中占据着举足轻重的地位。

随着经济水平的提高，3D 机器视觉也开始进入人们的视野。3D 机器视觉可用于水果和蔬菜、木材、化妆品、烘焙食品、电子组件和医药产品的评级。它可以提高合格产品的生产能力，在生产过程的早期就报废劣质产品，从而减少了浪费，节约了成本。这种功能非常适合用于高度、形状、数量甚至色彩等产品属性的成像。

在行业应用方面，主要有制药、包装、电子、汽车制造、半导体、纺织、烟草、交通、物流等行业，用机器视觉技术取代人工，可以提高生产效率和产品质量。例如在物流行业，可以使用机器视觉技术进行快递的分拣分类，可以降低物品的损坏率，提高分拣效率，减少人工劳动。

1．检测与机器人视觉应用

机器视觉的应用主要有检测和机器人视觉两个方面：

① 检测：又可分为高精度定量检测（例如显微照片的细胞分类、机械零部件的尺寸和位置测量）和不用量器的定性或半定量检测（例如产品的外观检查、装配线上的零部件识别定位、缺陷性检测与装配完全性检测）。

② 机器人视觉：用于指引机器人在大范围内的操作和行动，如从料斗送出的杂乱工件堆中拣取工件并按一定的方位放在传输带或其他设备上（即料斗拣取问题）。至于小范围内的操作和行动，还需要借助于触觉传感技术。

此外还有自动光学检查、人脸识别、无人驾驶汽车、产品质量等级分类、印刷品质量自动化检测、文字识别、纹理识别、追踪定位等机器视觉图像识别的应用。

（1）汽车车身检测系统

英国 ROVER 汽车公司 800 系列汽车车身轮廓尺寸精度的 100%在线检测（见图 3-29），是机器视觉系统用于工业检测中的一个较为典型的例子，该系统由 62 个测量单元组成，每个测量单元包括一台激光器和一个 CCD 摄像机，用以检测车身外壳上 288 个测量点。汽车车身置于测量框架下，通过软件校准车身的精确位置。

图 3-29　汽车在线检测

测量单元的校准将会影响检测精度，因而受到特别重视。每个激光器/摄像机单元均在离线状态下校准。同时还有一个在离线状态下用三坐标测量机校准过的校准装置，可对摄像机进行在线校准。

检测系统以每 40 秒检测一个车身的速度，检测三种类型的车身。系统将检测结果与人从 CAD 模型中提取出来的合格尺寸相比较，测量精度为±0.1mm。ROVER 的质量检测人员用该系统来判别关键部分的尺寸一致性，如车身整体外形、门、玻璃窗口等。实践证明，该系统是成功的，并开始用于 ROVER 公司其他系列汽车的车身检测。

（2）质量检测系统

纸币印刷质量检测系统利用图像处理技术，通过对纸币生产流水线上纸币的 20 多项特征（号码、盲文、颜色、图案等）进行比较分析，检测纸币的质量，替代传统的人眼辨别的方法。

瓶装啤酒生产流水线检测系统可以检测啤酒是否达到标准的容量、啤酒标签是否完整等。

（3）智能交通管理系统

通过在交通要道放置摄像头，当有违章车辆（如闯红灯）时，摄像头将车辆的牌照拍摄下来，传输给中央管理系统，系统利用图像处理技术，对拍摄的图片进行分析，提取出车牌号，存储在数据库中，可以供管理人员进行检索。

（4）图像分析

金相图象分析系统能对金属或其他材料的基体组织、杂质含量、组织成分等进行精确、客观的分析，为产品质量提供可靠的依据。例如金属表面的裂纹测量：用微波作为信号源，根据微波发生器发出不同波特率的方波，测量金属表面的裂纹，微波的频率越高，可测的裂纹越狭小。

医疗图像分析，包括血液细胞自动分类计数、染色体分析、癌症细胞识别等。

（5）大型工件平行度、垂直度测量仪

采用激光扫描与 CCD 探测系统的大型工件平行度、垂直度测量仪，它以稳定的准直激光束为测量基线，配以回转轴系，旋转五角标棱镜扫出互相平行或垂直的基准平面，将其与被测大型工件的各面进行比较。在加工或安装大型工件时，测量面间的平行度及垂直度。

（6）轴承实时监控

视觉技术实时监控轴承的负载和温度变化，消除过载和过热的危险。将传统的通过测量滚珠表面保证加工质量和安全操作的被动式测量变为主动式监控。

2．应用案例：布匹质量检测

在布匹生产过程中，像布匹质量检测这种有高度重复性和智能性的工作通常只能靠人工检测来完成，在现代化流水线后面常常可看到很多的检测工人来执行这道工序，给企业增加巨大的人工成本和管理成本的同时，却仍然不能保证100%的检验合格率（即“零缺陷”）。对布匹质量的检测是重复性劳动，容易出错且效率低。采用机器视觉的自动识别技术，在大批量的布匹检测中，可以大大提高生产效率和生产的自动化程度。

（1）特征提取辨识

一般布匹检测（自动识别）先利用高清晰度、高速摄像镜头拍摄标准图像，在此基础上设定一定标准；然后拍摄被检测的图像，再将两者进行对比。但布匹质量检测时要复杂一些，原因如下：

① 图像的内容不是单一的图像，每块被测区域存在的杂质的数量、大小、颜色、位置不一定一致。

② 杂质的形状难以事先确定。

③ 由于布匹快速运动对光线产生反射，图像中可能会存在大量的噪声。

④ 在流水线上，对布匹进行检测，有实时性的要求。

由于上述原因，图像识别处理时应采取相应的算法，提取杂质的特征，进行模式识别，实现智能分析。

（2）色质检测

一般而言，从彩色CCD相机中获取的图像都是RGB图像。也就是说每一个像素都由红（R）、绿（G）、蓝（B）三种成分组成，来表示RGB色彩空间中的一个点。问题在于这些色差不同于人眼的感觉。即使很小的噪声也会改变颜色空间中的位置。所以无论我们人眼感觉有多么的近似，在颜色空间中也不尽相同。基于上述原因，需要将RGB像素转换成为另一种颜色空间CIELAB。目的就是使我们人眼的感觉尽可能的与颜色空间中的色差相近。

（3）Blob检测

根据上面得到的处理图像，根据需求，在纯色背景下检测杂质色斑，并且要计算出色斑的面积，以确定是否在检测范围之内。因此图像处理软件要具有分离目标，检测目标，并且计算出其面积的功能。

Blob分析是对图像中相同像素的连通域进行分析，该连通域称为Blob。经二值化（Binary Thresholding）处理后图像中的色斑可认为是Blob。Blob分析工具可以从背景中分离出目标，并可计算出目标的数量、位置、形状、方向和大小，还可以提供相关斑点间的拓扑结构。在处理过程中不是采用单个的像素逐一分析，而是对图像的行进行操作。图像的每一行都用游程长度编码（RLE）来表示相邻的目标范围。这种算法与基于象素的算法相比，大大提高了处理速度。

（4）结果处理和控制

应用程序把返回的结果存入数据库或用户指定的位置，并根据结果控制机械部分做相应的运动。

根据识别的结果，存入数据库进行信息管理。以后可以随时对信息进行检索查询，管理者可以获知某段时间内流水线的忙闲，为下一步的工作做出安排；可以获知布匹的质量情况等。

3.3.11 智能图像处理技术

机器视觉的图像处理系统对现场的数字图像信号按照具体的应用要求进行运算和分析，根据获得的处理结果来控制现场设备的动作（见图 3-30）。

图 3-30 人工智能图像处理

1. 图像采集

图像采集就是从工作现场获取场景图像的过程，是机器视觉的第一步，采集工具大多为 CCD 或 CMOS 照相机或摄像机。照相机采集的是单幅的图像，摄像机可以采集连续的现场图像。就一幅图像而言，它实际上是三维场景在二维图像平面上的投影，图像中某一点的彩色（亮度和色度）是场景中对应点彩色的反映。这就是我们可以用采集图像来替代真实场景的根本依据所在。

如果相机是模拟信号输出，需要将模拟图像信号数字化后送给计算机（包括嵌入式系统）处理。现在大部分相机都可直接输出数字图像信号，可以免除模数转换这一步骤。不仅如此，现在相机的数字输出接口也是标准化的，如 USB、VGA、1394、HDMI、WiFi、Blue Tooth 接口等，可以直接送入计算机进行处理，以免除在图像输出和计算机之间加接一块图像采集卡的麻烦。后续的图像处理工作往往由计算机或嵌入式系统以软件的方式进行。

2. 图像预处理

对于采集到的数字化的现场图像，由于受到设备和环境因素的影响，往往会受到不同程度的干扰，如噪声、几何形变、彩色失调等，都会妨碍接下来的处理环节。为此，必须对采集的图像进行预处理。常见的预处理包括噪声消除、几何校正、直方图均衡等。

通常使用时域或频域滤波的方法来去除图像中的噪声；采用几何变换的办法来校正图像的几何失真；采用直方图均衡、同态滤波等方法来减轻图像的彩色偏离。总之，通过这一系列的图像预处理技术，对采集的图像进行“加工”，为机器视觉应用提供“更好”、“更有用”的图像。

3. 图像分割

图像分割就是按照应用要求，把图像分成各具特征的区域，从中提取出感兴趣目标。在图像中常见的特征有灰度、彩色、纹理、边缘、角点等。例如，对汽车装配流水线图像进行分割，分成背景区域和工件区域，提供给后续处理单元对工件安装部分进行处理。

图像分割多年来一直是图像处理中的难题，至今已有种类繁多的分割算法，但是效果往往并不理想。近来，人们利用基于神经网络的深度学习方法进行图像分割，其性能胜过传统算法。

3.3.12 目标识别和分类

在制造或安防等行业，机器视觉都离不开对输入图像的目标（又称特征）进行识别（见图 3-31）和分类处理，以便在此基础上完成后续的判断和操作。识别和分类技术有很多相同的地方，常常在目标识别完成后，目标的类别也就明确了。近来的图像识别技术正在跨越传统方法，形成以神经网络为主流的智能化图像识别方法，如卷积神经网络（CNN）、回归神经网络（RNN）等方法。

图 3-31 目标（特征）识别

1. 目标定位和测量

在智能制造中，最常见的工作就是对目标工件进行安装，但是在安装前往往需要先对目标进行定位，安装后还需对目标进行测量。安装和测量都需要保持较高的精度和速度，如毫米级精度（甚至更小），毫秒级速度。这种高精度、高速度的定位和测量，依靠通常的机械或人工的方法是难以办到的。在机器视觉中，对安装现场的图像按照目标和图像之间的复杂映射关系进行处理，从而快速精准地完成定位和测量任务。

2. 目标检测和跟踪

图像处理中的运动目标检测和跟踪，就是实时检测摄像机捕获的场景图像中是否有运动目标，并预测它下一步的运动方向和趋势，即跟踪。并及时将这些运动数据进行后续的分析和控制处理，形成相应的控制动作。图像采集一般使用单个摄像机，如果需要也可以使用两个摄像机，模仿人的双目视觉而获得场景的立体信息，这样更加有利于目标检测和跟踪处理。

3.4 自然语言处理

人类在出生后的头几年先学习说话，再慢慢地掌握阅读和写作能力。自然语言会话也是人工智能发展史上从早期开始就被关注的主题之一。开发智能系统的任何尝试，最终似乎都必须解决一个问题，即使用何种形式的标准进行交流，比起使用图形系统或基于数据系统的交流，语言交流通常是首选。

语言是人类区别其他动物的本质特性。在所有生物中，只有人类才具有语言能力，人类的多种智能都与语言有着密切的关系。人类的逻辑思维以语言为形式，人类的绝大部分知识也是以语言文字的形式记载和流传下来的。

口语是人类之间最常见、最古老的语言交流形式（见图 3-32），使我们能够进行同步对话——可以与一个或多个人进行交互式交流，让我们变得更具表现力，最重要的是，也可以让我们彼此倾听。虽然语言有其精确性，却很少有人会非常精确地使用语言。两方或多方说的不是同一种语言，对语言有不同的解释，词语没有被正确理解，声音可能会模糊、听不清或很含糊，又或者受到地方方言的影响，此时，口语就会导致误解。

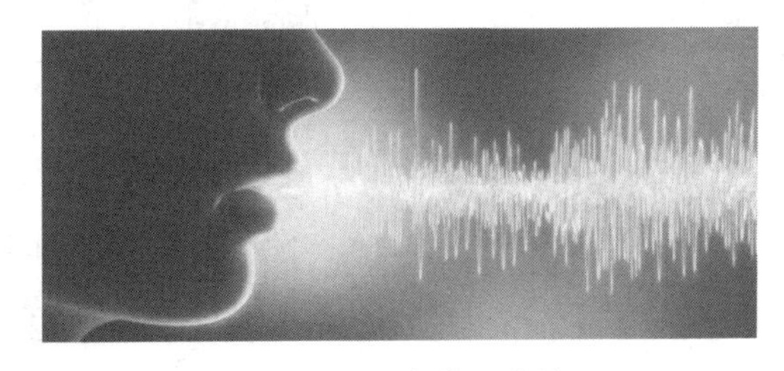

图 3-32　人工智能语言处理

试思考下列一些通信方式，思考这些方式在正常使用的情况下怎么会导致沟通不畅：

电话——声音可能听不清楚，一个人的话可能被误解，双方对语言的理解构成了其独特的问题集，存在错误解释、错误理解、错误回顾等许多可能性。

手写信——可能难以辨认，容易发生各种书写错误，邮局可能会丢失信件，发信人和日期可以省略。

打字信——速度不够快，信件的来源及其背后的真实含义可能被误解，可能不够正式。

电子邮件——需要上网，容易造成上下文理解错误和误解其意图。

微信——精确、快速，可能同步但仍然不像说话那样流畅。记录可以得到保存。

短信——需要手机，长度有限，可能难以编写（如键盘小，有时不能发短信等）。

语言既是精确也是模糊的。在法律或科学事务中，语言可以得到精确使用；又或者它可以有意地以“艺术”的方式（例如诗歌或小说）使用。作为交流的一种形式，书面语或口语可能是含糊不清的。

示例 1　“音乐会结束后，我要在酒吧见到你。”

尽管很多缺失的细节使得这个约会可能不会成功，但是这句话的意图是明确的。如果音乐厅里有多个酒吧怎么办？音乐会可能在酒吧里，我们在音乐会后相见吗？相见的确切时间是什么？你愿意等待多久？语句“音乐会结束后”表明了意图，但是不明确。经过一段时间后，双方将会做什么呢？他们还没有遇到对方吗？

示例 2　“在第三盏灯那里右转。”

这句话的意图是明确的，但是省略了很多细节。灯有多远？它们可能会相隔几个街区或者相距几公里。当方向给出后，提供更精确的信息（如距离、地标等）将有助于驾驶指导。

可以看到，语言中有许多含糊之处，可以想象语言理解可能会给机器带来的问题。对计算机而言，理解语音无比困难，但理解文本就简单得多。文本语言可以提供记录（无论是书、文档、电子邮件还是其他形式），这是明显的优势，但是文本语言缺乏口语所能提供的自发性、流动性和交互性。

3.4.1　什么是自然语言处理（NLP）

自然语言处理（natural language processing，NLP，见图 3-33）是计算机科学与人工智能领域的一个重要的研究与应用方向，是一门融语言学、计算机科学、数学于一体的科学，它研究能实现人与计算机之间用自然语言进行有效通信的各种理论和方法。因此，这一领域的研究涉及自然语言，与语言学的研究有密切联系又有重要区别。自然语言处理研制能有效地实现自然语言通信的计算机系统，特别是其中的软件系统。

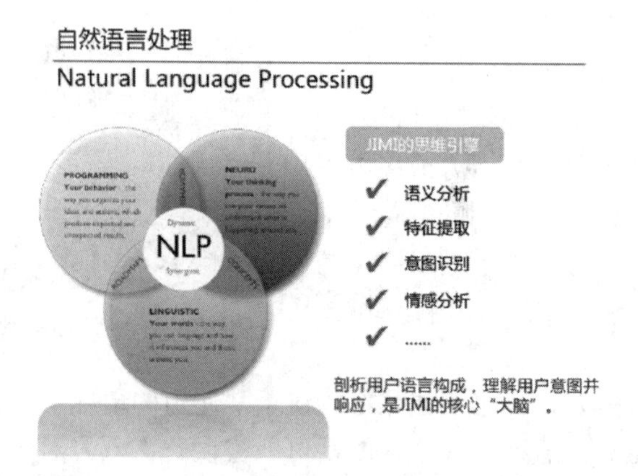

图 3-33　自然语言处理

使用自然语言与计算机进行通信，这是人们长期以来所追求的。因为它既有明显的实际意义，同时也有重要的理论意义：人们可以用自己最习惯的语言来使用计算机，而无须再花大量的时间和精力去学习不很自然和不习惯的各种计算机语言；人们也可通过它进一步了解人类的语言能力和智能的机制。

实现人机间自然语言通信意味着要使计算机既能理解自然语言文本的意义，也能以自然语言文本来表达给定的意图、思想等。前者称为自然语言理解，后者称为自然语言生成。因此，自然语言处理大体包括了这两个部分。历史上对自然语言理解研究得较多，而对自然语言生成研究得较少。但这种状况已有所改变。

自然语言处理（见图 3-34），无论是实现人机间自然语言通信，还是实现自然语言理解和自然语言生成，都是十分困难的。从现有的理论和技术现状看，通用的、高质量的自然语言处理系统仍然是较长期的努力目标，但是针对一定应用，具有相当自然语言处理能力的实用系统已经出现，有些已商品化甚至产业化。典型的例子有：多语种数据库和专家系统的自然语言接口、各种机器翻译系统、全文信息检索系统、自动文摘系统等。

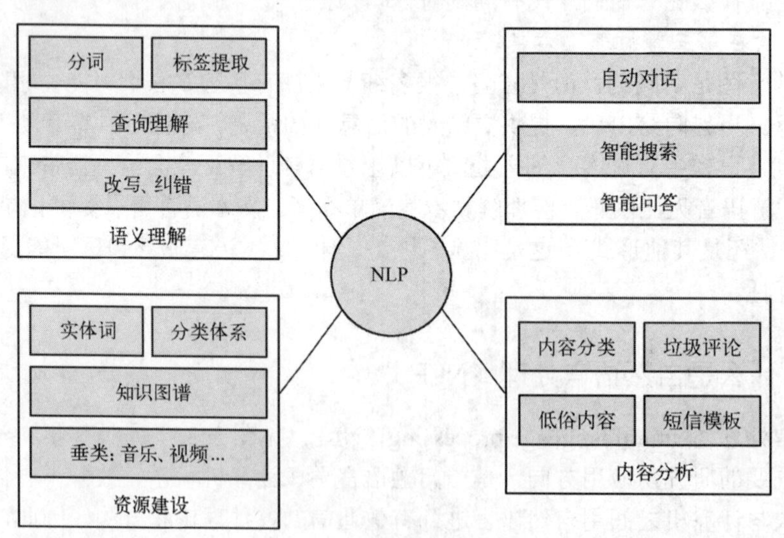

图 3-34　自然语言处理

造成自然语言处理困难的根本原因是自然语言文本和对话的各个层次上广泛存在的各种各样的歧义性或多义性。一个中文文本从形式上看是由汉字（包括标点符号等）组成的一个字符串。由字组成词，由词组成词组，由词组组成句子，进而由一些句子组成段、节、章、篇。无论在字（符）、词、词组、句子、段等各种层次，还是在下一层次向上一层次转变中，都存在着歧义和多义现象，即形式上一样的一段字符串，在不同的场景或不同的语境下，可以理解成不同的词串、词组串等，并有不同的意义。反过来，一个相同或相近的意义同样也可以用多个文本或多个字串来表示。一般情况下，它们中的大多数都可以根据相应的语境和场景的规定而得到解决。也就是说，从总体上并不存在歧义。这也就是我们平时并不感到自然语言歧义，和能用自然语言进行正确交流的原因。

我们也看到，为了消解歧义，需要大量的知识和推理。如何将这些知识较完整地加以收集和整理出来，又如何找到合适的形式，将它们存入计算机系统中去，以及如何有效地利用它们来消除歧义，都是工作量极大且十分困难的工作。

自然语言的形式（字符串）与其意义之间是一种多对多的关系，其实这也正是自然语言的魅力所在。但从计算机处理的角度看，我们必须消除歧义，要把带有潜在歧义的自然语言输入转换成某种无歧义的计算机内部表示。

基于语言学的方法、基于知识的方法为主流的自然语言处理研究所存在的问题主要有两个方面：一方面，迄今为止的语法都限于分析一个孤立的句子，上下文关系和谈话环境对本句的约束和影响还缺乏系统的研究，因此分析歧义、词语省略、代词所指、同一句话在不同场合或由不同的人说出来所具有的不同含义等问题，尚无明确规律可循，需要加强语用学的研究才能逐步解决。另一方面，人理解一个句子不是单凭语法，还运用了大量的有关知识，包括生活知识和专门知识，这些知识无法全部存储在计算机里。因此一个书面理解系统只能建立在有限的词汇、句型和特定的主题范围内；计算机的存储量和运转速度大大提高之后，才有可能适当扩大范围。

3.4.2 语法类型与语义分析

自然语言理解的研究工作最早的是机器翻译。1949 年，美国人威弗首先提出了机器翻译设计方案，此后，自然语言处理（NLP）的发展大致分为6个时期（见表3-1）。

表 3-1 NLP 的 6 个发展时期

编号	名称	年份
1	基础期	20 世纪 40 年代和 50 年代
2	符号与随机方法	1957—1970
3	4 种范式	1970—1983
4	经验主义和有限状态模型	1983—1993
5	大融合	1994—1999
6	机器学习的兴起	2000—2008

自然语言处理的历史可追溯到以图灵的计算算法模型为基础的计算机科学发展之初。在奠定了初步基础后，该领域出现了许多子领域，每个子领域都为计算机的进一步研究提供了沃土。

随着计算机的速度和内存的不断增加，高性能计算系统给用户以更多的计算能力，语音和语言处理技术可以应用于商业领域。特别是在各种环境中，具有拼写/语法校正工具的语音识别变得更加常用。由于信息检索和信息提取成了 Web 应用的关键部分，因此 Web 是这些应用的另一个主要推动力。

近年来，无人监督的统计方法开始重新得到关注。这些方法有效地应用到了对单独、未加注释的数据进行机器翻译方面。可靠、已注释的语料库的开发成本成了监督学习方法使用的限制因素。

在自然语言处理中，我们可以在一些不同结构层次上对语言进行分析，如句法、词法和语义等，所涉及的一些关键术语简单介绍如下：

词法——对单词的形式和结构的研究，还研究词与词根以及词的衍生形式之间的关系。

句法——将单词放在一起形成短语和句子的方式，通常关注句子结构的形成。

语义学——语言中对意义进行研究的科学。

解析——将句子分解成语言组成部分，并对每个部分的形式、功能和语法关系进行解释。语法规则决定了解析方式。

词汇——与语言的词汇、单词或语素（原子）有关。词汇源自词典。

语用学——在语境中运用语言的研究。

省略——省略了在句法上所需的句子部分，但是，从上下文而言，句子在语义上是清晰的。

1. 语法类型

学习语法是学习语言和教授计算机语言的一种好方法。费根鲍姆等人将语言的语法定义为**“指定在语言中所允许语句的格式，指出将单词组合成形式完整的短语和子句的句法规则。”**

麻省理工学院的语言学家诺姆·乔姆斯基在对语言语法进行数学式的系统研究中做出了开创性的工作，为计算语言学领域的诞生奠定了基础。他将形式语言定义为一组由符号词汇组成的字符串，这些字符串符合语法规则。字符串集对应于所有可能句子的集合，其数量可能无限大。符号的词汇表对应于有限的字母或单词词典，他对 4 种语法规则的定义如下：

（1）定义作为变量或非终端符号的句法类别。

句法变量的例子：<VERB>、<NOUN>、<ADJECTIVE>和<PREPOSITION>。

（2）词汇表中的自然语言单词被视为终端符号，并根据重写规则连接（串联在一起）形成句子。

（3）终端和非终端符号组成的特定字符串之间的关系，由重写规则或产生式规则指定。举例如下：

<SENTENCE> → <NOUN PHRASE> <VERB PHRASE>
<NOUN PHRASE> → the <NOUN>
<NOUN> → student
<NOUN> → expert
<VERB> → reads
<SENTENCE> → <NOUN PHRASE> <VERB PHRASE>
<NOUN PHRASE> → <NOUN>
<NOUN> → student
<NOUN> → expert
<VERB> → reads

（4）起始符号 S 或<SENTENCE>与产生式不同，并根据在上述（3）中指定的产生式开始生成所有可能的句子。这个句子集合称为由语法生成的语言。以上定义的简单语法生成了下列的句子：

The student reads.
The expert reads.

重写规则通过替换句子中的词语生成这些句子，应用如下：

<SENTENCE> →
<NOUN PHRASE> <VERB PHRASE>
The <NOUN PHRASE> <VERB PHRASE>
The student <VERB PHRASE>
The student reads.
<SENTENCE> →
<NOUN PHRASE> <VERB PHRASE>
<NOUN PHRASE> <VERB PHRASE>
The student <VERB PHRASE>
The student reads.

可见，语法是如何作为“机器”“创造”出重写规则允许的所有可能的句子的。

2. 语义分析和扩展语法

乔姆斯基非常了解形式语法的局限性，提出语言必须在两个层面上进行分析：表面结构，进行语法上的分析和解析；基础结构（深层结构），保留句子的语义信息。

关于复杂的计算机系统，通过与医学示例的类比，道江教授总结了表面理解和深层理解之间的区别：“一位患者的臀部有一个脓肿，通过穿刺可以除去这个脓肿。但是，如果他患的是会迅速扩散的癌症（一个深层次的问题），那么任何次数的穿刺都不能解决这个问题。”

研究人员解决这个问题的方法是增加更多的知识，如关于句子的更深层结构的知识、关于句子目的的知识、关于词语的知识，甚至详尽地列举句子或短语的所有可能含义的知识。在过去几十年中，随着计算机速度和内存的成倍增长，这种完全枚举的可能性变得更加现实。

3.4.3 统计 NLP 语言数据集

统计方法需要大量数据才能训练概率模型。出于这个目的，在语言处理应用中，使用了大量的文本和口语集。这些集由大量句子组成，人类注释者对这些句子进行了语法和语义信息的标记。

自然语言处理中的一些典型的自然语言处理数据集包括：tc-corpus-train（语料库训练集）、面向文本分类研究的中英文新闻分类语料、以 IG 卡方等特征词选择方法生成的多维度 ARFF 格式中文 VSM 模型、万篇随机抽取论文中文 DBLP 资源、用于非监督中文分词算法的中文分词词库、UCI 评价排序数据、带有初始化说明的情感分析数据集等。

3.4.4 语音信号处理

语音信号处理（speech signal processing）是研究语音发声过程、语音信号的统计特性、语音的自动识别、机器合成以及语音感知等各种处理技术的总称。由于现代的语音处理技术都以数字计算为基础，并借助微处理器、信号处理器或通用计算机加以实现，因此也称数字语音信号处理。

语音信号处理是一门多学科的综合技术。它以生理、心理、语言以及声学等基本实验为基础，以信息论、控制论、系统论的理论作为指导，通过应用信号处理、统计分析、模式识别等现代技术手段，发展成为新的学科。

1．语音处理的发展

语音信号处理的研究起源于对发音器官的模拟。1939 年美国 H．杜德莱展示了一个简单的发音过程模拟系统，以后发展为声道的数字模型。利用该模型可以对语音信号进行各种频谱及参数的分析，进行通信编码或数据压缩的研究，同时也可根据分析获得的频谱特征或参数变化规律，合成语音信号，实现机器的语音合成。利用语音分析技术，还可以实现对语音的自动识别，发音人的自动辨识，如果与人工智能技术结合，还可以实现各种语句的自动识别以至语言的自动理解，从而实现人机语音交互应答系统，真正赋予计算机以听觉的功能。

语言信息主要包含在语音信号的参数之中，因此准确而迅速地提取语言信号的参数是进行语音信号处理的关键。常用的语音信号参数有：共振峰幅度、频率与带宽、音调和噪音、噪音的判别等。后来又提出了线性预测系数、声道反射系数和倒谱参数等。这些参数仅仅反映了发音过程中的一些平均特性，而实际语言的发音变化相当迅速，需要用非平稳随机过程来描述，因此，20 世纪 80 年代之后，研究语音信号非平稳参数分析方法迅速发展，人们提出了一整套快速的算法，还有利用优化规律实现以合成信号统计分析参数的新算法，取得了很好的效果。

当语音处理向实用化发展时，人们发现许多算法的抗环境干扰能力较差。因此，在噪声环境下保持语音信号处理能力成为了一个重要课题。这促进了语音增强的研究。一些具有抗干扰性的算法相继出现。当前，语音信号处理日益同智能计算技术和智能机器人的研究紧密结合，成为智能信息技术中的一个重要分支。

语音信号处理在通信、国防等部门中有着广阔的应用领域（见图 3-35）。为了改善通信中语言信号的质量而研究的各种频响修正和补偿技术，为了提高效率而研究的数据编码压缩技术，以及为了改善通信条件而研究的噪声抵消及干扰抑制技术，都与语音处理密切相关。在金融部门应用语音处理，利用说话人识别和语音识别实现根据用户语音自动存款、取款的业务。在仪器仪表和控制自动化生产中，利用语音合成读出测量数据和故障警告。随着语音处理技术的发展，可以预期它将在更多部门得到应用。

图 3-35　语音识别技术

2．语音理解

人们通常更方便说话而不是打字，因此语音识别软件非常受欢迎。口述命令比用鼠标或触摸板点击按钮更快。要在 Windows 中打开如“记事本”这样的程序，需要单击开始、程序、附件，最后点击记事本，最轻松也需要点击四到五次。语音识别软件允许用户简单地说“打开记事本”，就可以打开程序，节省了时间，有时也改善了心情。

语音理解（speech understanding）是指利用知识表达和组织等人工智能技术进行语句自动识别和语意理解。同语音识别的主要不同点是对语法和语义知识的充分利用程度。

语音理解起源于美国，1971 年，美国远景研究计划局（ARPA）资助了一个庞大的研究项目，该项目要达到的目标叫作语音理解系统。由于人对语音有广泛的知识，可以对要说的话有一定的预见性，所以人对语音具有感知和分析能力。依靠人对语言和谈论的内容所具有的广泛知识，利用知识提高计算机理解语言的能力，就是语音理解研究的核心。

利用理解能力，可以使系统提高性能：①能排除噪声和嘈杂声；②能理解上下文的意思并能用它来纠正错误，澄清不确定的语义；③能够处理不合语法或不完整的语句。因此，研究语音理解的目的，可以说是与其研究系统仔细地去识别每一个单词，倒不如去研究系统能抓住说话的要旨更为有效。

一个语音理解系统除了包括原语音识别所要求的部分，还须添入知识处理部分。知识处理包括知识的自动收集、知识库的形成，知识的推理与检验等。当然还希望能有自动地进行知识修正的能力。因此语音理解可以认为是信号处理与知识处理结合的产物。语音知识包括音位知识、音变知识、韵律知识、词法知识、句法知识、语义知识及语用知识。这些知识涉及实验语音学、汉语语法、自然语言理解，以及知识搜索等许多交叉学科。

3. 语音识别

语音识别（speech recognition）是指利用计算机自动对语音信号的音素、音节或词进行识别的技术总称。语音识别是实现语音自动控制的基础。

语音识别起源于 20 世纪 50 年代的“口授打字机”梦想，科学家在掌握了元音的共振峰变迁问题和辅音的声学特性之后，相信从语音到文字的过程是可以用机器实现的，即可以把普通的读音转换成书写的文字。语音识别的理论研究已经有 40 多年，但是转入实际应用却是在数字技术、集成电路技术发展之后，现在已经取得了许多实用的成果。

语音识别一般要经过以下几个步骤：

（1）语音预处理，包括对语音的幅度标称化、频响校正、分帧、加窗和始末端点检测等内容。

（2）语音声学参数分析，包括对语音共振峰频率、幅度等参数，以及对语音的线性预测参数、倒谱参数等的分析。

（3）参数标称化，主要是时间轴上的标称化，常用的方法有动态时间规整（DTW），或动态规划方法（DP）。

（4）模式匹配，可以采用距离准则或概率规则，也可以采用句法分类等。

（5）识别判决，通过最后的判别函数给出识别的结果。

语音识别可按不同的识别内容进行分类，有音素识别、音节识别、词或词组识别；也可以按词汇量分类，有小词汇量（50 个词以下）、中词量（50～500 个词）、大词量（500 个词以上）及超大词量（几十至几万个词）。按照发音特点分类，可以分为孤立音、连接音及连续音的识别。按照对发音人的要求分类，有认人识别，即只对特定的发话人识别，和不认人识别，即不分发话人是谁都能识别。显然，最困难的语音识别是大词量、连续音和不识人同时满足的语音识别。

如今，几乎每个人都拥有一台带有苹果或安卓操作系统的智能手机。这些设备具有语音识别功能，使用户能够说出自己的短信而无须输入字母。导航设备也增加了语音识别功能，用户无须打字，只需说出目的地址或“家”，就可以导航回家。如果有人由于拼写困难或存在视力问题，无法在小窗口中使用小键盘，那么语音识别功能是非常有帮助的（见图 3-36）。

图 3-36　自然语言处理的应用

例如，有两个技术领先的商业语音识别系统：Nuance 的 Dragon Naturally Speaking Home EditionTM 软件，它通过为用户提供导航、解释和网站浏览的功能，理解听写命令并执行定制命令；Microsoft 的 Windows Speech RecognitionTM 软件，它可以理解口头命令，也可以用作导航工具，它让用户能够选择链接和按钮，并从编号列表中进行选择。

第4章 机器视觉

4.1 引　　言

4.1.1 机器视觉研究背景及意义

工业制造业领域是国民经济的主体，是科技创新的主战场，制造模式的变革是目前全球共同面临的问题。当前，全球制造业格局面临着重大调整，新一代信息技术与制造业深度融合，正在引发影响深远的产业变革，形成新的生产方式、产业形态、商业模式和经济增长点。

现阶段，各国都在加大科技创新力度，制定了多个智能制造产业发展计划，包括德国政府提出的“工业 4.0”计划，美国提出的“制造业回归计划”和工业互联网，日本提出的“2015 制造白皮书”等。各国都把生产制造业作为发展的首要任务，通过将物联网、服务网络、社会网络进行有机结合，实现智能机器、存储系统、生产设施、物流和定制服务等各个生产-消费要素相互独立地自动交换，将其各自的优势资源投向智能制造。从根本上改善包括制造工程、材料使用、供应链和生命周期管理的工业过程，生产出智能产品；大幅度提高服务质量，降低设备闲置率、生产时间、能源消耗和制造成本，为正在兴起的智能工厂提供一种全新的生产方法。

同时，随着工业技术的日新月异，制造业领域对产品的质量要求越来越高，而由于受到工艺和机械精度的限制，很多产品表面都会出现各种瑕疵或者产品尺寸存在精度偏差。比如牙刷柄在生产过程中产品表面会出现划痕、污点等缺陷，印刷品表面可能会出现漏印、误印等瑕疵，零件尺寸测量存在偏差，这些缺陷将直接影响到产品的深加工，会给制造商和客户带来严重的损失。因此生产者在面向客户需求时，需要对产品质量进行严格控制，保证产品的合格率。在传统工业生产过程中对产品瑕疵检测和质量控制都是靠经验丰富的员工，通过肉眼来完成对产品的检测。然而人工检测在实际工业应用中有着很大的缺陷。首先，人工检测的检测效率比较低，由于生产中流水线的速度很快，人眼根本无法跟上这种速度，所以一般精细度较高的检测工序都是离线检测，这就大大降低了生产效率。其次容易产生漏检，尤其是在产品表面瑕疵缺陷的检测过程中，需要时刻保持注意力高度集中，有些不是很明显的缺陷很容易被忽视。而且人眼的检测精度也不够，所以很容易出现漏检。同时，人工检测存在不稳定性，质检人员在检测时受环境、心情等主客观因素的影响，很容易出现误检，这种不稳定性对产品质量控制有极大的影响。最为重要的一点是人工检测占据了大量的人力资源，提高了生产成本，这与生产厂商的低成本、高效率的基本理念完全背离。因此寻求新的产品表面在线检测系统来代替传统的人工检测已成为所有企业需要解决的问题之一了。

机器视觉是图像处理、模式识别、计算机图形学、人工智能等众多学科的结合渗透融合，它也是为了实际应用而产生的技术。近年来，自动化技术的不断发展使得机器视觉技术被广泛应用到工业检测和测量当中，特别是各类产品的表面缺陷检测和产品尺寸测量。机器视觉系统相当于是用机器代替人眼来做检测和测量的系统，通过摄像机拍摄待测产品，再将图像信号转换成数字信号并传递给图像处理软件，基于视觉技术对工件在线识别与定位，不需要安装高精度的工件定位装置，机器视觉软件根据图像的多方面信息如像素的分布、颜色和亮度等，即可快速、准确地提取目标特征获得工件位置信息，根据预设的判定准则给出判断结果，最后输出信号通过控制机械手、UVW 平台等执行机构进行相应的分拣、组装等处理，实现机器人对工件的定位和抓取。机器视觉产品对于实现智能化机器人在零件分拣、装配、检测、搬运等应用领域的突破，进一步实现工业生产的智能化，都有着很重要的意义。

同时，随着光源技术、图像采集技术、图像处理技术、硬件平台技术的飞速发展，机器视觉技术作为一个全新的研究领域，发展十分迅速，研究成果层出不穷，其与工业生产的结合，也成为制造业领域研究的热点。不仅可以解决老龄化日益严重、劳动力短缺的问题，同时还可以节约企业的生产成本，提高资源利用率，增加企业效益。

4.1.2 机器视觉系统的组成

机器视觉是通过计算机模拟人类视觉功能获取数据的一项技术，其具有稳定性高、计算速度快、适应性强等特点。在典型的机器视觉系统中，被测目标在光源的作用下，经过光学成像系统对图像进行采集从而形成数字化图像，通过智能图像处理与决策对数字化图像进行处理与分析，将处理结果输出到控制执行模块经过执行器完成目标动作。机器视觉系统通常由以下部分组成（见图 4-1）。

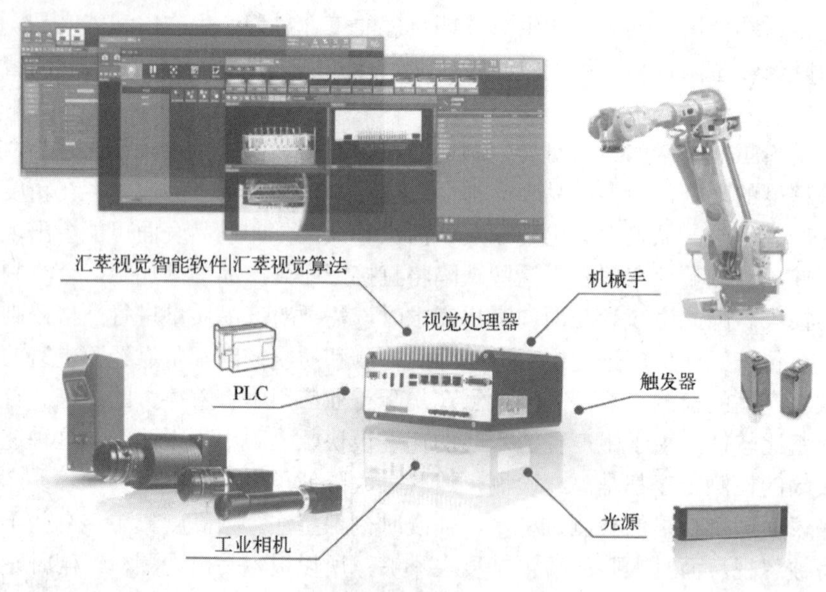

图 4-1 机器视觉系统的组成

4.1.3 国内外发展现状

4.1.3.1 国外研究现状

机器视觉的工业产品检测技术得到了快速的发展，其成果已广泛应用于工业制造业生产过程中的产品缺陷检测、尺寸测量、产品 ID 识别、位置定位、装配等环节。机器视觉的应用能够使工业产品质量得到改善，同时生产效率也得到提高。

早在 20 世纪 50 年代，由于计算机技术的发展和电视摄像技术的成熟，国外就已经开始了机器视觉的研究。但受当时技术条件的限制发展进度非常缓慢。20 世纪 60 年代，麻省理工学院的 Roberts 首次在论文中论述了由二维图像到三维转换的可能性，开始了以物体三维解析为目的的机器视觉理论研究。20 世纪 70 年代中期，麻省理工学院设立了 AI（人工智能）实验室，由 Marr 教授领衔的研究学者开始了机器视觉领域的系统性研究，包括理论、算法、视觉系统设计，并提出了“计算视觉理论（Computational Vision）”，该理论的提出对机器视觉的研究与发展具有里程碑式的重要意义，机器视觉成为现代科技研究的一个热点。自 20 世纪 80 年代以来随着新理论、新方法的不断涌现，机器视觉得到蓬勃发展，逐渐由实验室研究向实际应用领域转型，到了 20 世纪 90 年代，随着计算机技术的快速发展，特别是集成电路技术的发展，以及人工智能、并行处理和神经元网络等学科的发展，促进了机器视觉系统的实用化，成为工业视觉系统飞速发展的基础。机器视觉的研究已经开始从实验室走向实际应用，从简单的二值图像处理发展到高分辨率多灰度的图像处理，从一般的二维信息处理发展到三维视觉处理，处理模型和算法的研究取得了很大的进展。机器视觉系统已成为计算机集成制造系统重要的组成部分之一。机器视觉已经在军事、工业、交通等环境中得到广泛应用。

近年来，随着信息技术水平的提高，机器视觉不断发展并取得了很多成果。目前，欧美、日本等国家在机器视觉领域的研究处于领先地位，相应的应用也比较成熟。国外机器视觉技术的研究团队主要有：伯克利大学机器视觉小组，玛丽女王大学机器视觉小组，南加利福尼亚大学机器视觉小组，剑桥大学视觉与机器人研究小组，卡耐基梅隆大学机器人学院，阿姆斯特丹大学智能系统实验室，MIT 计算机科学与人工智能实验室，MIT 机器视觉实验室等。

首先是基于统计的模式识别算法在图像的识别以及分析方面得到应用。如 Franci Lahajnar 等人（2000 年）设计了一种基于特征图像的油气滤清器定位与部件验证的机器视觉系统，这是一种基于 PC 的机器视觉系统，用于油气过滤器的精确定位和可靠识别。该系统已经集成到生产线上，可以装配多种类型不同外观的过滤器。Krzysztof Okarma 等人（2012 年）利用机器视觉技术设计了一种数控机床工件三维扫描定位系统，系统中用到了三维扫描系统标定和一些图像分析算法，在实际应用中产生了很好的效果。Husaini 等人（2013 年）基于机器视觉技术开发了磁流变液（MRF）执行器的定位系统，该系统的图像处理算法编码使用 Matlab 软件，直接连接到 MRF 阀控制器，具有系统响应速度快，处理速度快等优点。Mamoona Arshad 等人（2017 年）利用机器视觉技术优化定位器位置，使工件定位误差减小，提高了产品的质量。Pinches 等人基于机器视觉技术构建了射线测量仪器工件定位系统，该系统允许在将辐射源移动到工作区域附近之前对工件表面进行精确的预先定位。日本的 Fanuc 公司研制出的一种双臂协作机器人，利用机器视觉技术精准地对物体进行抓取和放置。此外许多生产线的机器人以及自动喷漆机器人都使用了机器视觉技术，可以自主识别工作的目标，具有良好的环境适应性。

随着 CCD 器件技术和计算机技术的迅速发展，发达国家的机器视觉工业检测设备的功能在不断完善，性能在不断提高，与视觉技术相关的供应商和系统集成商也越来越多。目前，基于机器视觉的产品检测设备在国外已得到了广泛的应用。据有关统计，目前全球机器视觉市场总量在 60～70 亿美元之间，并且以每年 8.8%的速度迅速增长。其应用普及主要体现在半导体及电子行业的产品检测上。具体如各类 PCB 印刷电路板及其配件的检测、SMT 表面贴装的检验、电子元件与集成电路制造加工的检测、汽车仪器仪表产品检验等。

4.1.3.2 国内研究现状

我国的机器视觉研究比国外晚了将近 40 年，影响了我国的工业发展进程。随着我国“工业 4.0”规划的提出，我国许多高校和科研机构加大了对机器视觉技术的研究，产生了很多的成果并应用到了实际的生产中。

现阶段，机器视觉技术在国内的应用，主要体现在工业生产中对目标物体的检测与定位方面。在检测应用领域，机器视觉技术以测量目标零件的大小最为常见。国内的许多高校和科研单位，都采用机器视觉技术，实现了对目标零件尺寸的测量。其测量方法不尽相同，也都有各自的特点,但为完成测量工作，视觉技术的处理流程有许多相同之处，主要分为图像采集、图像预处理、图像分析和目标零件特征提取几个步骤。采用机器视觉技术实现的测量方法，比传统测量设备的测量精度高，对于一些不能进行实体测量的环境，也可进行测量操作，减少了测量工作的复杂工序，生产时间大大减少，提高了效率。

中国科学院沈阳自动化研究所唐宇等人（2015 年）基于机器视觉技术研究出一种利用区域分割进行识别和定位平面工件的方法，这种方法在直线提取时利用了 LSD 算法，接着剔除干扰线后，利用留下来的工件轮廓线进行区域分割等操作，最后将该区域的轮廓矢量与模板的轮廓矢量进行比较，完成工件的识别与定位工作。通过实验证明了该算法的有效性。2015 年底，杭州汇萃智能科技有限公司开发出国内第一款通用智能高速机器视觉平台的核心算法库、二次开发平台及相关智能相机，填补了我国在该领域的空白，打破国外企业对我国机器人关键核心技术的垄断。华北电力大学刘金龙等人（2018 年）利用机器视觉具有的非接触性和高稳定性等特点，针对汽车生产线中出现的焊装方面的问题，设计了一种工件抓取系统。该系统利用现有技术搭建视觉定位单元，利用单应性矩阵的原理进行系统的标定工作，利用最小外接矩阵方法来处理系统的定位，实际应用于生产线后产生了良好的效果。北京化工大学张翔（2018 年）利用机器视觉技术研究出了基于 DXF 文件的模板匹配方法，提高了分拣工件的效率。南京信息工程大学武鹏等人（2019 年）运用机器视觉技术开发了一种机器人工件定位系统，利用机器视觉技术检测工件位置的偏移，然后将数据传送给机器人完成定位抓取工作，解决了传统机器人在工业生产流水线中出现的工件定位误差问题。该系统利用机器视觉技术来检测工件位置是否发生偏移，将矢量数据传输给机器人进行工件的抓取，在实验中产生了良好的效果，很好地解决了工业生产线上抓取工件时的问题，在生产中得到了应用。2019 年 9 月，在 2019 年华为全联接大会上，海尔、汇萃、中国移动和华为发布了全球首个智慧工厂“5G+机器视觉”联合解决方案并在海尔工厂实施，使汇萃在 5G 机器视觉应用领域走在了国际前列。同年 10 月，该方案参加了工信部第二届绽放杯 5G 应用大赛，从 3731 个参赛项目中脱颖而出，荣获一等奖！

近年来，随着机器视觉技术研究的不断深入，其应用范围也越来越广。机器视觉技术逐渐成为我国工业领域研究最为活跃的技术。其在产品质量检测、物品分拣、目标定位、跟踪监测等应用领域，代替人工的生产方式，提高了生产效率和自动化程度，特别是在数量大、强度高的生产过程中，可以提高生产的安全性。比如在芯片、电路板生产中，利用机器视觉检测机器人可以减少人工检测带来的风险，提高产品检测的准确性和生产效率。我国的制造业发展迅速，中国制造已经变成国际上的一个标签，鉴于机器视觉技术对工业制造领域的诸多益处，其需求也会相应增多，其研究投入也会增多，形成良性循环。相信不久的将来，工业生产将会变得更加智能化和自动化。

4.2 机器视觉硬件介绍

4.2.1 工业相机

工业相机是一种图像采集工具，是机器视觉系统中的一个关键组件，其作用是将被摄取目标的光信号转换成图像信号，并将图像信号传输给工控机进行图像处理、分析、检测、识别。选择合适的相机也是机器视觉系统设计中的重要环节，相机不仅直接决定所采集图像的分辨率和图像质量，同时也与整个系统的运行模式直接相关。

1．工业相机概述

工业相机最重要的组成部件是图像传感器，它是一种将图像转换为电信号的半导体元件。其长、宽各 10 毫米左右，由类似棋盘的格状排列的小像素（pixel）组成。分为 CCD（Charge Coupled Devices）电荷耦合器件和 CMOS（Complementary Metal Oxide Semiconductor）互补金属氧化物半导体。CCD 于上世纪 60 年代末期由贝尔实验室发明，1963 年 Morrison 发表可计算传感器，可以利用光导效应测定光斑位置的结构，成为 CMOS 图像传感器发展的开端，1995 年低噪声的 CMOS 有源像素传感器单片数字相机获得成功。它们开始都是作为一种新型的 PC 存储电路，很快由于其具有许多其他潜在的应用，以及体积小、质量轻、分辨率高、灵敏度高、价格低等特点，迅速发展起来，同时促进了机器视觉的发展，特别是针对机器视觉所要处理的目标图像大多为运动物体，电子快门、外触发的扫描再启动、逐行扫描以及远距离控制和调节等功能，更大地促进了机器视觉系统的开发，所有这些主要针对机器视觉系统而开发出来的功能是过去的光导摄像真空管所无法比拟的。

由于 CMOS 传感器每个像素点都有一个电信号放大器，因此每个像元有效感光面积会小于同尺寸的 CCD，从成像效果来说跟 CCD 有一定差距，在低照度环境下 CMOS 表现为噪声大，但是其工作效率比较高，价格也比较低廉。

按照图像传感器的结构特性可以分为线阵和面阵，线阵传感器工作时类似于扫描仪，一行或多行像素进行循环曝光（具体扫描顺序不同相机略有区别），在电脑上逐行生成一帧完整图像，扫描速度比较快，应用在特殊场合，如大面积检测、高速检测、强反光检测以及印刷、纺织等行业，一般需要配备运动装置（滚轴或直线），无论相机运动还是被测物运动均可，但都需要运动速度与采集速度完全匹配才能扫描出最真实的画面，否则画面会被压缩或者拉伸，面阵相机传感器的像素点按照矩阵排列，传感器曝光（行曝光或帧曝光）完成后直接输出一帧图像。

2．工业相机的主要参数

工业相机的主要参数如下：

（1）分辨率（Resolution）

图像传感器（Sensor）由许多像素点（Pixel）按照矩阵形式进行排列，分辨率用来描述像素点的分布情况，由横向像素点数（H）×竖向像素点数（V），其乘积接近于相机的像素值，就是我们平时说的几百万像素或者几千万像素。常用面阵工业相机像素值为 130 万、200 万、500 万像素等，线阵传感器的竖向像素点数（V）一般有 1～4 行，描述按照横向像素点数（H）分为 1K、2K、4K、6K、8K，16K 等（1K=1024）。分辨率对于数字工业相机一般直接与光电传感器的有效像元数对应，对于模拟相机则取决于视频制式，PAL 制为 768×576，NTSC 制为 640×480。模拟相机要在 PC 上采集图像，需要配合图像采集卡，因此分辨率与采集卡分辨率有关，像素点不一定是一一对应关系的。

（2）像素尺寸（Pixel Size）

也叫像元尺寸，是指每个像素的实际大小，像元为正方形的，单位为μm，像元大小和像元数（分辨率）共同决定了相机靶面的大小，工业相机像元尺寸一般为 1.4～14μm，像元尺寸越小，制造难度越大，适配的镜头也比较少，图像质量也越不容易提高。

（3）传感器尺寸

面阵传感器尺寸是指传感器实际大小，以对角线实际长度为传感器尺寸，以英寸（″）为单位，表示为(X/Y)×1″（这些规格也是沿袭了视频真空管的习惯，并非其实际尺寸，因此这里的 1″=16mm，并非 25.4mm），常见的长宽比为 4∶3，常见的面阵传感器尺寸：

1 英寸——靶面尺寸为：宽 12.7mm、高 9.6mm，对角线 16mm。

2/3 英寸——靶面尺寸为：宽 8.8mm、高 6.6mm，对角线 11mm。

1/2 英寸——靶面尺寸为：宽 6.4mm、高 4.8mm，对角线 8mm。

1/3 英寸——靶面尺寸为：宽 4.8mm、高 3.6mm，对角线 6mm。

（4）帧率

其单位为 FPS，即帧/秒，指相机每秒采集多少幅图像，一般分辨率越大的相机帧率越低，曝光时间越长，帧率越低。

（5）像元

像元是组成数字化影像的最小单元,像元尺寸是相机芯片上每个像元的实际物理尺寸。同等型号相机、同等外部光照和设置相同参数情况下，像元尺寸越大，能接收到的光子数量越多，成像越亮。

在有些场合（如快速拍摄），相机的曝光时间需要设置得很短，同时光源亮度也无法再提高，图像亮度仍然达不到所需亮度时，可以考虑采用更大像元尺寸的相机来提高感光度。

单方向视野范围大小/相机单方向分辨率=相机理论精度

例如：视场水平方向的长度是 32mm，相机水平分辨率是 1600，所以视觉系统精度为 32mm/1600 像素，表示图像中每个像素对应 0.02mm，即为视觉系统相机的理论精度，实际精度需要放大一定的倍数。

触发工业相机一般都具有外触发和内触发功能。硬件外触发：在实际生产应用中可用传感器和相机外触发配合，当产品经过传感器时，传感器给相机一个触发信号。软件外触发：可以通过网线、串口给工控机信号，然后再通过软件控制相机触发。工业相机还都具有内触发功能，即通过相机内部控制，每间隔一段时间进行自动拍照。

表 4-1 给出了一些工业相机的相关参数。

表 4-1　一些工业相机的相关参数

相机型号	传感器类型	分辨率	像素	数据接口	像元尺寸	靶面尺寸	镜头接口
MV-CA020-20GM (HC-200-20GM)	Cmos	1920×1200	200 万	Gige	4.8μm	2/3”	C-mount
MV-CA023-10GM	Cmos	1920×1200	230 万	Gige	5.86μm	1/1.2”	C-mount
MV-CA050-10m (HC-500-10GM)	Cmos	2448×2048	500 万	Gige	3.45μm	2/3”	C-mount
MV-CA050-20GM	Cmos	2592×2048	520 万	Gige	4.8μm	1”	C-mount
MV-CA060-10GM (HC-600-GM)	Cmos	3072×2048	600 万	Gige	2.4μm	1/1.8”	C-mount
MV-CA013-20GM (HC-130-20GM)	Cmos	1280×1024	130 万	Gige	4.8μm	1/2”	C-mount
MV-CE003-20GM (HC-030-20GM)	Cmos	640×480	30 万	Gige	4.8μm	1/4”	C-mount
MV-CE120-10GM (HC-1200-10GM)	Cmos	4024×3036	1200 万	Gige	1.85μm	1/1.7”	C-mount

4.2.2　镜头

1. 工业相机镜头的基本原理

工业相机镜头的主要作用是将目标图像成像在相机靶面的光敏面上，镜头由多个镜片和光圈、调焦装置构成。可以根据画面进行光圈调整和调焦，以得到“明亮、清晰”的图像。

选择镜头时，视野、焦距、焦点、失真等都是需要考虑的因素。选择合适的相机镜头，是系统设计的重要部分。

2. 工业相机镜头的主要类别

远心镜头可以在一定物距范围内，使图像的变化不会随物距的变化而变化，使得检测目标在一定范围内运动时得到的尺寸数据几乎不变，且畸变极小，一直为对镜头畸变要求很高的机器视觉场合所青睐。像苹果的生产设备几乎都采用远心镜头。远心镜头没有焦距光圈等参数，有着固定的倍率和工作距离。图 4-2 为远心镜头实物图。实际视野与芯片尺寸和放大倍率之间的关系如下：

实际视野=芯片尺寸÷放大倍率

图 4-2　远心镜头实物图

3. 工业相机镜头的基本参数

（1）焦距

镜头焦距是镜头的重要性能指标，焦距长短决定了拍摄的工作距离、成像大小、视场大小、景深大小，一般常用的镜头焦距为 4mm/6mm/8mm/12mm/16mm/25mm/35mm/50mm/75mm。

视场是指镜头能观测到的实际范围的物理尺寸，在一般应用中，镜头的视场大小和相机的分辨率，决定了视觉系统所能达到的检测精度。

镜头的焦距主要对视场、工作距离有较大影响，在确定镜头焦距前必须先确定视野、工作距离、相机芯片尺寸等因素，并可通过公式来计算。

根据拍摄时所需要的视野及焦距，可以计算出焦点对准的位置（WD），如图 4-3 所示。

WD 与视野的大小由镜头的焦距及 CCD 尺寸决定。在不需要近摄环的最近距离以上时，可以根据下列公式进行计算：

WD/视野角=焦距/CCD尺寸

例如：镜头焦距 16mm、CCD 尺寸 3.6mm，为了得到 45mm 的视野，WD 应为 200mm。

对于已经制造好的镜头不能随意改变镜头的直径，但是可以通过镜头的光圈来改变通光量。

光圈 *F* 值=镜头的焦距/镜头最大通光直径，如图 4-4 所示。

完整的光圈值系列如下：

1/1.0，1/1.4，1/2.0，1/2.8，1/4.0，1/5.6，1/8.0，1/11，1/16，1/22，1/32，1/44，1/64。

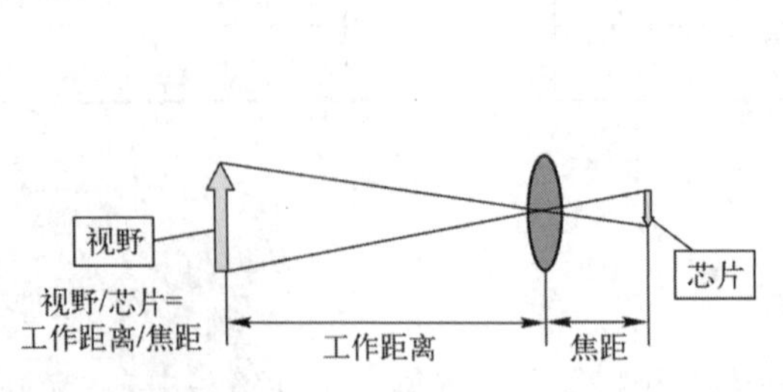

图 4-3　镜头视野及焦距示意图

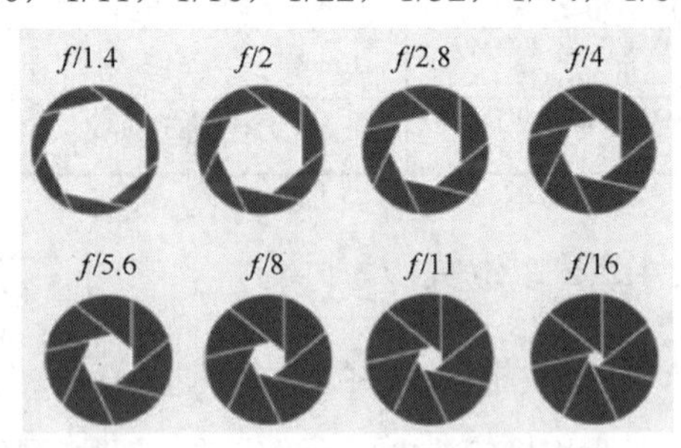

图 4-4　镜头的焦距与光圈

（2）景深

镜头在垂直方向上能清晰成像的空间距离，称为景深。在实际应用中景深是一个常用到的重要参数。有很多因素可以影响景深。镜头的焦距越短，景深越大，焦距越长，景深越小；对相同镜头，光圈越大，景深越小，光圈越小，景深越大；镜头离物体越远景深越大。在实际应用时，当需要大的景深时，可通过减小光圈、增大曝光时间或光源亮度来实现。增加景深（对焦时的高度范围）、得到清晰画面的方法：镜头焦距越小，景深越大；与拍摄对象距离越远，景深越大；光圈越小，景深越大。

（3）畸变

镜头在成像时，图像会产生形变，叫作镜头的畸变，如图 4-5 所示。通常情况下，拍摄的视场越大所用的镜头焦距越短，畸变越大。在实际应用中若对拍摄图像要求较高，采用远心镜头，可很大程度上减小畸变。

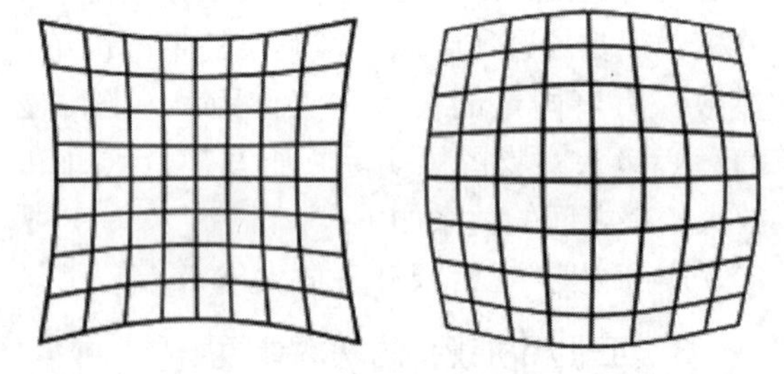

图 4-5　镜头的畸变示意图

4.2.3　光源

光源是视觉检测系统中重要的组成部分之一，在搭建高效稳健的视觉检测系统时，合适的光源选择能够提高图像采集的效果，突出被检测物的图像特征。同时合适的光源颜色还能够有效抑制自然光源和其他外界光源的干扰，提高光源的信噪比，从而提高图像采集质量，降低数字图像后期处理成本。合适的光源能够提高图像处理效率，满足自动化加工中实时高效的要求。

光源为机器视觉系统提供稳定可靠的照明环境，并使得相机成像尽可能突出检测对象中感兴趣区域的关键特征。工业应用中采用的光源一般为 LED 光源，颜色主要包含红、白、蓝，由于检测对象不同的光学属性，无法使用一种类型的 LED 光源应用于所有检测对象，所以，目前应用于机器视觉领域的 LED 光源类型很多，如条光、背光、环光等，如图 4-6 所示。均匀背光源，背光照明使用从被检测物背面照射的照明方式，被检测物处于相机与背光源之间，主要应用于尺寸测量或透明物体的缺陷检测。

图 4-6　常用光源实物图

在选择光源过程中，必须考虑以下几点：

① 光源均匀性要好，以保证相机信号采集质量，降低灰度标准差。

② 在满足采集图像质量的情况下，控制光源成本，保证视觉监控系统的高性价比。

③ 光照强度足够强且稳定。保证一定的光照强度能够抵消一部分自然光或其他干扰光源的影响，抑制采集图像的干扰噪声，方便后续的图像处理。稳定的光强输出可保证采集图像质量的稳定性。

④ 光源需要在恶劣工况下保证一定的使用寿命。

由于 LED 光源使用寿命较高，且价格便宜功耗较低，在工业视觉领域获得了广泛的应用。选用 LED 光源可以更好地获得良好的照明条件和较高的性价比。不同颜色的光源对检测对象的影响效果也是不同的，当光源与被检测工件两种颜色为互补色时，会在视觉上引起强烈的对比，更能明显地突出被检测对象的特点。几种常用光源颜色及其特点如表 4-2 所示。

表 4-2　常用光源颜色及其特点

颜色种类	光源颜色特点
白色光源	适用性广，亮度较高，适合拍彩色图像
蓝色光源	广泛用于检测金属物体材质，如手机外壳、钢轨缺陷检测等
红色光源	红色适合底色为黑色的被检测对象，能够提高对比度
红外光	不可见光，穿透能力强，在视频监控领域应用较多

（1）光源打光方案

在机器视觉系统中，光源的打光方案和效果影响着系统的稳定性。有数据显示在相关视觉测量领域中，若光源光照条件出现 10%～20%的变化时，图像边缘就很有可能出现多个像素的偏移。这种像素的偏移很难通过后续的算法进行纠正和解决，所以选择合适的打光方案对后续图像处理起着事半功倍的效果。

根据打光位置的不同，常见的打光方案分为以下三种：前面打光、背面打光和结构光打光。背面打光一般多为轮廓检测，可能会丢失物体表面信息，光源安于相机同轴且与相机分别位于被检测工件的异侧；结构光打光多用于立体轮廓视觉解决方案中；前面打光中，光源和相机位于同侧，被测物体表面信息保留较多。根据车削刀具的特点和磨损检测的需求，综合各打光方案的特点，选择前面打光较为合理。常见的前面打光方案有以下几种，如图 4-7 所示。

（2）环形光源

环形光源为常用光源，实物如图 4-8 所示。环形光源适用范围广，可按照尺寸大小、角度、颜色进行划分；环形光源一般有两个参数：一个是光源的直径（或者是发光面直径），单位为 mm；另一个为光照的角度，单位为度。光照的角度取垂直向下为 0°，水平方向为 90°。但是 0°为高角度环光，90°为低角度环光。市面上常见的环光角度有 0°、15°、30°、45°、60°、75°和 90°。通常高角度多适用于检测外轮廓，如笔记本键盘按键外轮廓，低角度多适用于检测表面划痕或表面凹凸不明显的字符。

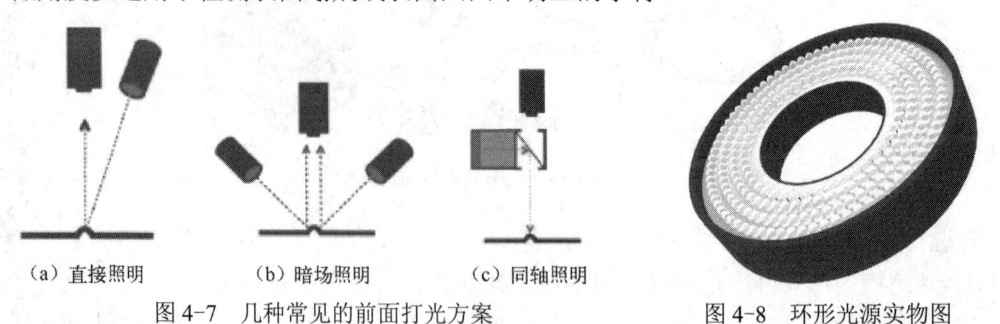

（a）直接照明　（b）暗场照明　（c）同轴照明

图 4-7　几种常见的前面打光方案　　图 4-8　环形光源实物图

（3）条形光源

条形光源实物如图 4-9 所示。条形光源一般有两个参数：一个是光源长边的长度（或者是发光面长度），单位为 mm；另一个是光源短边的长度（或者是灯珠的个数），单位为 mm。条形光源可根据需要定制不同的长度和宽度，打光实验过程中可根据需要使用一条或几条，角度可任意调整，灵活性强。

（4）底部背光源

底部背光源实物如图 4-10 所示。底部背光源一般有两个参数：一个是光源长边的长度（或者是发光面长度），单位为 mm；另一个是光源短边的长度（或者是发光面长度），单位为 mm。使用背光源时，光源可以放在被测物的正下方打光，呈现很好的效果轮廓。

（5）碗光源（穹顶光源）

碗光源（穹顶光源）采用 LED 光源直线照射碗状物内表面，经内表面高反射率涂层进行漫反射后，光线均匀照射到被检测物表面，如图 4-11 所示。主要适用于金属、玻璃等反射较强的物体表面检测。此类光源的均匀性好，对于表面平整光洁的高反射物体，直接照明方式容易产生强反光。散射照明先把光投射到粗糙的遮盖物上，产生无方向、柔和的光，然后再投射到被检测物体上，最适合高反射物体和表面粗糙不平整的物体。碗光源一般有一个参数：光源直径的长度（或者是发光面直径），单位为 mm。

图 4-9　条形光源实物图

图 4-10　底部背光源实物图

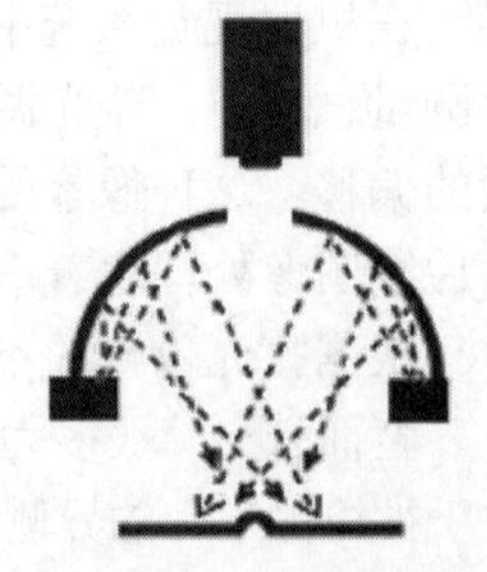

图 4-11　碗光源示意图

（6）同轴光源

同轴光源亮度均匀，光束通过分光镜射到工件上，图像均匀性好，适用于反光面强的工件表面字符或划伤检测等。同轴光源一般有一个参数：光源的长度（或者是发光面长度），单位为 mm。图 4-12 为同轴光源实物图。

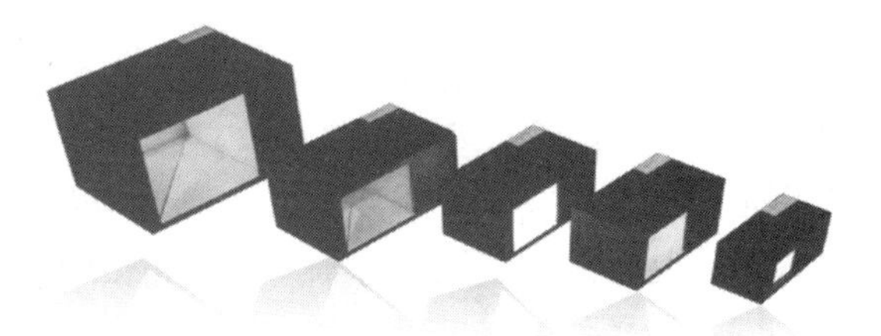

图 4-12　同轴光源实物图

4.2.4　视觉处理机

视觉处理机（工控机）是机器视觉系统的控制中心，它通过光源接口调节视觉光源的亮度，通过网口接收工业相机传输过来的图像数据，通过内置的图像处理软件进行数据分析，然后将判定结果或数据通过 IO 接口、串行接口或网口传输至控制机构，由控制机构对检测对象做进一步处理。图 4-13 为机器视觉处理机实物及接口示意图。

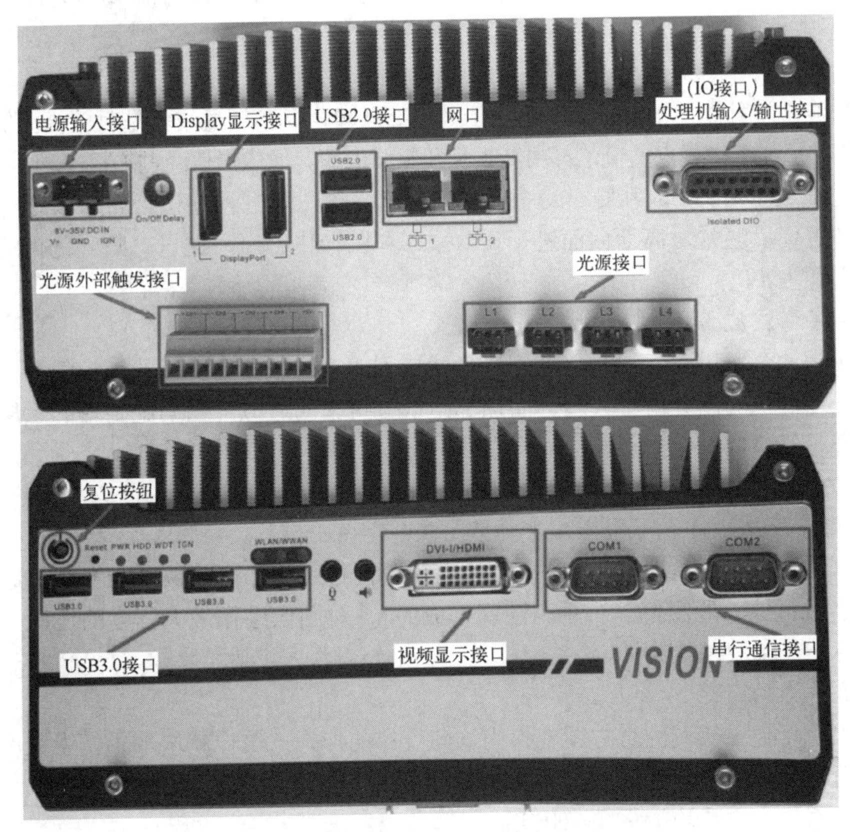

图 4-13　机器视觉处理机实物及接口示意图

4.3　机器视觉算法简介

4.3.1　图像预处理算法

目前常见的噪声有高斯噪声和椒盐噪声。高斯噪声的概率密度函数服从高斯分布（即正态分布）。椒盐噪声也称为脉冲噪声，是图像分析中经常见到的一种噪声，它是一种随机出现的白点或者黑点，可能是亮的区域有黑色像素或是在暗的区域有白色像素（或是两者皆有）。

图像分析中，图像质量的好坏直接影响识别算法的设计与效果的精度，因此在图像分析（特征提取、分割、匹配和识别等）前，需要进行预处理。图像预处理的主要目的是滤除图像中无关的信息，恢复有用的真实信息，增强有关信息的可检测性，最大限度地简化数据，从而改进特征提取、图像分割、匹配和识别的可靠性。常见的滤波方法有：

（1）均值滤波

均值滤波采用线性的方法，平均整个窗口范围内的像素值，均值滤波本身存在着固有的缺陷，即它不能很好地保护图像细节，在图像去噪的同时也破坏了图像的细节部分，从而使图像变得模糊，不能很好地去除噪声点。均值滤波对高斯噪声表现较好，对椒盐噪声表现较差。

（2）中值滤波

中值滤波采用非线性的方法，它在平滑脉冲噪声方面非常有效，同时它可以保护图像尖锐的边缘，选择适当的点来替代污染点的值，所以处理效果好，对椒盐噪声表现较好，对高斯噪声表现较差。

（3）高斯滤波

高斯滤波是一种线性平滑滤波，适用于消除高斯噪声。高斯滤波就是对整幅图像进行加权平均的过程，每一个像素点的值，都由其本身和邻域内的其他像素值经过加权平均后得到。

高斯滤波（平滑），即用某一尺寸的二维高斯核与图像进行卷积。高斯核是对连续高斯函数的离散近似，通常对高斯曲面进行离散采样和归一化得出，这里，归一化指的是卷积核所有元素之和为1。

（4）金字塔滤波

一幅图像的金字塔是一系列以金字塔形状排列的分辨率逐步降低的图像集合。金字塔的底部是待处理图像的高分辨率表示，而顶部是低分辨率的近似。当向金字塔的上层移动时，尺寸和分辨率就降低。

有两种类型的金字塔：

① 高斯金字塔：用于下采样，主要是图像金字塔。

② 拉普拉斯金字塔：用于重建图像，也就是预测残差（拉普拉斯金字塔是通过源图像减去先缩小后再放大的图像的一系列图像构成的），对图像进行最大程度的还原，比如一幅小图像重建为一幅大图像。

（5）直方图均衡化

基本思想：把原始图的直方图变换为均匀分布的形式，这样就增加了像素灰度值的动态范围，从而达到增强图像整体对比度的效果。

（6）自适应直方图均衡化（AHE）

AHE 是用来提升图像的对比度的一种计算机图像处理技术。和普通的直方图均衡算法不同，AHE 算法通过计算图像的局部直方图，然后重新分布亮度来改变图像对比度。因此，该算法更适合于改进图像的局部对比度以及获得更多的图像细节。

（7）限制对比度自适应直方图均衡化（CLAHE）

AHE 对局部对比度提高过大，导致图像失真。为了解决这个问题，必须对局部对比度进行限制。限制对比度，其实就是限制 CDF（映射函数）的斜率。又因累计分布直方图的

CDF 是灰度直方图 Hist 的积分，即限制 CDF 的斜率就相当于限制 Hist 的幅度。因此我们需要对子块中统计得到的直方图进行裁剪，使其幅值低于某个上限，当然裁剪掉的部分又不能扔掉，还需要将这部分裁剪值均匀地分布在整个灰度区间上，以保证直方图总面积不变。

4.3.2 特征提取算法

在机器学习、模式识别和图像处理中，特征提取从初始的一组测量数据开始，并建立旨在提供信息和非冗余的派生值（特征），从而促进后续的学习和泛化步骤，并且在某些情况下带来更好的可解释性。特征提取与降维有关。特征的好坏对泛化能力有至关重要的影响。

特征提取三大算法：

1. HOG 特征

方向梯度直方图（Histogram of Oriented Gradient, HOG）特征是一种在计算机视觉和图像处理中用来进行物体检测的特征描述子。它通过计算和统计图像局部区域的梯度方向直方图来构成特征。HOG 特征结合支持向量机（SVM）分类器已经被广泛应用于图像识别中，尤其在行人检测中获得了极大的成功。需要提醒的是，HOG+SVM 进行行人检测的方法是法国研究人员 Dalal 在 2005 年的 CVPR 上提出的，如今虽然有很多行人检测算法不断提出，但基本都是以 HOG+SVM 的思路为主的。

（1）主要思想

在一副图像中，局部目标的表象和形状（appearance and shape）能够被梯度或边缘的方向密度分布很好地描述（本质：梯度的统计信息，而梯度主要存在于边缘的地方）。

（2）具体的实现方法

首先将图像分成小的连通区域，我们把它叫细胞单元。然后采集细胞单元中各像素点的梯度或边缘的方向直方图。最后把这些直方图组合起来就可以构成特征描述器。

把这些局部直方图在图像的更大的范围内（我们把它叫区间或 block）进行对比度归一化（contrast-normalized），所采用的方法是：先计算各直方图在这个区间（block）中的密度，然后根据这个密度对区间中的各个细胞单元做归一化，通过这个归一化后，能对光照变化和阴影获得更好的效果。

（3）优点

与其他的特征描述方法相比，HOG 有很多优点。首先，由于 HOG 是在图像的局部方格单元上操作的，所以它对图像几何的和光学的形变都能保持很好的不变性，这两种形变只会出现在更大的空间领域上。其次，在粗的空域抽样、精细的方向抽样以及较强的局部光学归一化等条件下，只要行人大体上能够保持直立的姿势，可以容许行人有一些细微的肢体动作，这些细微的动作就可以被忽略而不影响检测效果。因此 HOG 特征是特别适合于做图像中的人体检测的。

2. LBP 特征

LBP（Local Binary Pattern，局部二值模式）是一种用来描述图像局部纹理特征的算子，它具有旋转不变性和灰度不变性等显著的优点。它首先由 T. Ojala, M.Pietikäinen 和 D. Harwood 在 1994 年提出，用于纹理特征提取。而且，提取的特征是图像的局部的纹理特征。

原始的 LBP 算子定义为在 3×3 的窗口内，以窗口中心像素为阈值，将相邻的 8 个像素的灰度值与其进行比较，若周围像素值大于中心像素值，则该像素点的位置被标记为 1，否则为 0。这样，3×3 邻域内的 8 个点经比较可产生 8 位二进制数（通常转换为十进制数即 LBP 码，共 256 种），即得到该窗口中心像素点的 LBP 值，并用这个值来反映该区域的纹理信息。

3. Haar 特征

Haar-like 特征是一种特征描述算子，人们通常采用基于特征的方法来进行人脸描述，这是因为它的运行速度很快，可以满足实时检测的需求。Harr-like 特征通常有四类：边缘特征、线性特征、圆心环绕特征和特定方向特征。如图 4-14 所示，模板由黑白矩形组成，白色矩形区域像素减去黑色矩形区域像素得到模板的相应特征值。这四类特征值分别描述判别对象在不同方向上的特征，由于正负样本在相应特征值上存在差异，因此可以作为模式识别的描述算子。在一副样本图像中，根据选取的坐标、矩形的大小、类别不同，将会产生大量 Haar-like 特征，通过积分图可快速计算图像样本的 Haar-like 特征值。

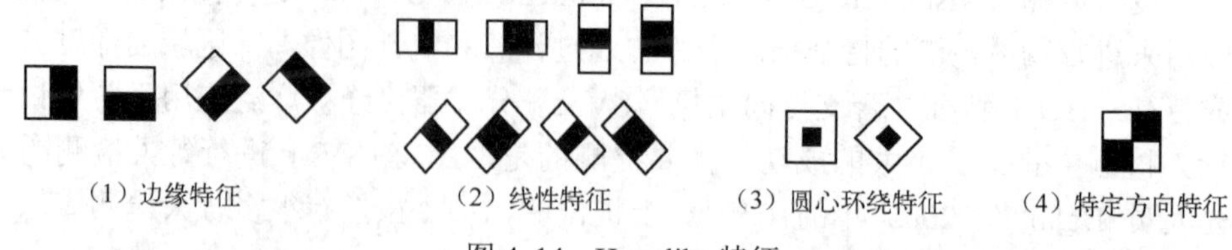

图 4-14　Haar-like 特征

4.3.3　模板匹配算法

模板匹配通过计算模板与图像之间的相似度实现。机器视觉系统中常使用模板匹配功能实现产品位置定位和产品缺陷检测，以及物体识别（也就是区分不同类型的物品）。常见的模板匹配算法如下。

1. MAD 算法

平均绝对差（Mean Absolute Differences，简称 MAD）算法，是 Leese 在 1971 年提出的一种匹配算法，是模式识别中常用方法，该算法的思想简单，具有较高的匹配精度，广泛用于图像匹配。设 $S(x,y)$是大小为 $m\times n$ 的搜索图像，$T(x,y)$是 $M\times N$ 的模板图像，如图 4-15 所示，我们的目的是在图（a）中找到与图（b）匹配的区域。

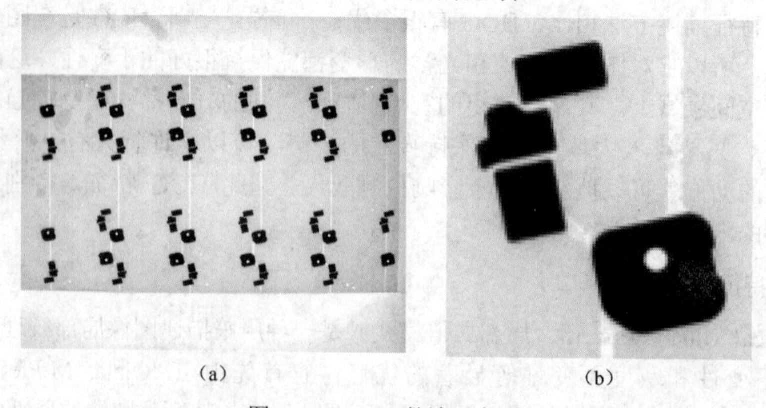

图 4-15　MAD 算法示意图

在搜索图 S 中，以(i,j)为左上角，取 $M\times N$ 大小的子图，计算其与模板的相似度；遍历整个搜索图，在所有能够取到的子图中，找到与模板图最相似的子图作为最终匹配结果。MAD 算法的相似性测度公式见式（4-1）。显然，平均绝对差 $D(i,j)$越小，表明越相似，故只需找到最小的 $D(i,j)$即可确定能匹配的子图位置：

$$D(i,j)=\frac{1}{M\times N}\sum_{s=1}^{M}\sum_{t=1}^{N}|S(i+s-1,j+t-1)-T(s,t)| \tag{4-1}$$

其中，$1\leqslant i\leqslant m-M+1$，$1\leqslant j\leqslant n-N+1$。

该算法的优点：思路简单，容易理解（子图与模板图对应位置上，灰度值之差的绝对值总和，再求平均，实际计算的是子图与模板图的 L_1 距离的平均值）。运算过程简单，匹配精度高。缺点：运算量偏大，对噪声非常敏感。

2. SAD 算法

绝对误差和（Sum of Absolute Differences，简称 SAD）算法与 MAD 算法思想几乎完全一致，只是其相似性测度公式有一点改动（计算的是子图与模板图的 L_1 距离[1]），这里不再赘述。

$$D(i,j)=\sum_{s=1}^{M}\sum_{t=1}^{N}|S(i+s-1,j+t-1)-T(s,t)| \tag{4-2}$$

SAD 算法的基本流程：

（1）构造一个小窗口，类似于卷积核。

（2）用窗口覆盖左边的图像，选出窗口覆盖区域内的所有像素点。

（3）同样用窗口覆盖右边的图像并选出覆盖区域的像素点。

（4）左边覆盖区域减去右边覆盖区域，并求出所有像素点差的绝对值的和。

（5）移动右边图像的窗口，重复（3）、（4）的动作（这里有个搜索范围，超过这个范围跳出）。

（6）找到这个范围内 SAD 值最小的窗口，即找到了与左边图像最佳匹配的像素块。

3. SSD 算法

误差平方和（Sum of Squared Differences，简称 SSD）算法，也叫差方和算法。实际上，SSD 算法与 SAD 算法如出一辙，只是其相似性测度公式有一点改动（计算的是子图与模板图的 L_2 距离的平方[2]）。

$$D(i,j)=\sum_{s=1}^{M}\sum_{t=1}^{N}[S(i+s-1,j+t-1)-T(s,t)]^2 \tag{4-3}$$

4. NCC 算法

归一化积相关（Normalized Cross Correlation，简称 NCC）算法，与上面算法相似，依然利用子图与模板图的灰度，通过归一化的相似性测度公式来计算二者之间的匹配程度。

$$R(i,j)=\frac{\sum_{S=1}^{M}\sum_{t=1}^{N}|S^{i,j}(s,t)-E(S^{i,j})|\cdot|T(s,t)-E(T)|}{\sqrt{\sum_{S=1}^{M}\sum_{t=1}^{N}[S^{i,j}(s,t)-E(S^{i,j})]^2\cdot\sum_{S=1}^{M}\sum_{t=1}^{N}[T(s,t)-E(T)]^2}} \tag{4-4}$$

---

1 L_1 距离对应位置元素相减然后取绝对值求和。

2 L_2 距离对应位置元素相减的平方和再开根号。

其中，$E(S^{i,j})$、$E(T)$ 分别表示(i,j)处子图、模板的平均灰度值。

5. 特征空间金字塔匹配核方法

该算法由 Grauman 提出，是基于高维特征空间的金字塔匹配。对于待匹配的两幅图像，分别抽取局部特征描述子，得到两个特征集合 $F=\{f_1, f_2, \cdots, f_n\}$和 $G=\{g_1, g_2, \cdots, g_m\}$，其中 $f_i, i=1, 2, \cdots, n$ 和 $g_j, j=1, 2, \cdots, m$ 均表示图像的特征矢量，特征维数是 d，每一维的取值范围都是$[1,A]$。该算法的主要过程是，对特征空间的每个特征维进行尺度不断变大的均匀分割：

（a）对于尺度 l 来说，需要将每个特征维分成 2^l 个分块，$0 \leqslant l \leqslant [\log_2 A]$。由于特征空间是 d 维的，所以在划分尺度 l 的时候，特征空间总共被分成 2^{dl} 个小区域。

（b）对于每一幅图像的每个小子区域，统计落入其中的特征矢量的个数。

（c）最后获得划分尺度 l 下，落入 2^{dl} 个小子区域的特征矢量个数的统计分布直方图 H_F^l。

同理对于图像特征集 G，我们同样得到统计直方图 H_G^l。

这样在划分尺度为 l 的时候，如公式

$$I(H_F^l, H_G^l) = \sum_{i=1}^{2^{dl}} \min(H_F^l(i), H_G^l(i)) \tag{4-5}$$

使用以上直方图交叉函数来定义两幅图像的特征匹配的个数，个数越多表明越相似。当划分尺度 l 增大的时候，特征空间被划分为更多的子区域，而且尺度为 l 时的匹配会包含尺度为 $l+1$ 时的匹配，所以尺度为 l 时的匹配数目会大于尺度为 $l+1$ 时的匹配数目。为了避免重复计算不同尺度下的特征匹配数，如下公式：

$$\Delta(l,\ l+1) = I(H_F^l, H_G^l) - I(H_F^{l+1}, H_G^{l+1}) \tag{4-6}$$

给出了当尺度由 l 降低为 $l-1$ 的时候新增加的特征匹配数目。最后通过将各个尺度下的匹配结果加权求和，即得到最终的金字塔匹配核。如公式：

$$I(H_F, H_G) = I(H_F^L, H_G^L) + \sum_{l=0}^{L-1} \frac{1}{2^{L-1}}(I(H_F^l, H_G^l) - I(H_F^{l+1}, H_G^{l+1})) \tag{4-7}$$

由于划分尺度越大，特征匹配越精细，表明特征相似度更高，所以对于尺度大的划分，应该分配更大的权重。如式（4-7）所示，分配给尺度为 l 时候的加权求和的权重为 $\frac{1}{2^{L-1}}$，其中表示最大的划分尺度。

4.3.4 字符识别算法

在工业生产过程中很多产品都需将产品表面的印刷字符检测出来。光学字符识别（OCR）是在图像中识别字符的过程，首先是使识别设备学习、记忆将要辨识字符的特征，使这些特征成为识别系统自身的知识，然后再利用。字符的特征不仅仅局限于平面上的点阵位置信息，在频率空间、投影空间，甚至语义空间字符都有各自的特征。字符识别过程包含两个任务：将图像中单个字符分割出来，以及将分割出来的字符进行分类，也就是说为分割得到的区域分配一个符号标记。

1. 字符分割

图像分割是一种非常重要的图像处理技术，图像分割是图像分析和理解的基础过程。在对图像进行分析和研究的过程中，任务的目标决定了仅仅关注图像中的一部分特定区域。字符分割的精准性直接决定了相关任务的成功与否，是图像分割领域内的一个特定的任务方向，目的就是将单个字符从字符图像中一一分割出来，从而让我们可单独地对每一个字符的图像进行处理和分析，为字符识别和字符缺陷检测做好准备。字符分割是字符识别和字符检测的基础，只有将字符完整正确地分割开来，才能保证字符识别和检测的效果。通常来说，字符分割的方法有：

（1）基于边缘的分割方法：就是检测图像的结构具有突变的区域，这个边缘决定了一个区域的终结和开始。利用边缘的信息可完成图像的分割。但是边缘检测的算子常常对噪声非常敏感，得到精准的分割区域有一定的困难。因此，基于边缘的分割方法仅仅适用于背景单一、噪声小的简单图像。

（2）连通域方法是图像处理和模式识别中最常用的基本方法，在图像分割和边缘检测中扮演着重要的角色。连通区域一般是指图像中具有相同像素值且位置相邻的像素点组成的图像区域。在图像中，最小的单位是像素，每个像素周围有 8 个邻接像素，常见的邻接关系有两种：4 邻接和 8 邻接。4 邻接代表像素的上下左右 4 个相邻像素。8 邻接代表包括对角线位置的 8 个相邻像素。如果像素点 A 和 B 邻接，我们称 A 和 B 连通。同样，如果A和B连通，B 和 C 连通，则 A 和 C 连通。这些彼此连通的点形成了一个区域，而不连通的点形成了另一个区域。这样彼此连通的点形成的区域我们称之为连通域。连通域分割方法就是基于二值图像中单个字符区域的像素灰度值是相同的来完成字符的分割的。这种方法原理简单，好实现。但是当图像中的字符出现粘连时，连通域分割方法并不能很好地将粘连字符区分开来，因此，这种方法并不能很好地完成字符分割的任务。

（3）投影方法依靠将二值字符图像的像素值在垂直方向上进行累加计算，由于二值字符图像字符区域的像素灰度值为 255，背景区域的像素值为 0，因此，在字符连接处的累加像素值会出现一个波谷。这些波谷代表了字符和字符之间的连接区域，通过这些连接区域就可在水平方向上将不同的字符分割开来。

基于投影的字符分割方法对字符粘连的问题具有很好的鲁棒性，因此在字符分割领域中应用较为广泛。但是该方法也有缺点，由于很多字符由两个或者两个以上的子部分组合而成，比如汉字的偏旁部首，利用投影方法对这些字符进行分割时可能会将同一个汉字的不同组成部分误分割成多个字符。

（4）基于聚类分析的字符分割方法是将图像中像素用特征空间来表示，从而完成图像内字符特征相似的像素聚类，以达到分割的目的。K 均值聚类算法是典型的聚类算法，它将给定的元组或者记录分割为 K 个分组，每个组代表一类特征。

往往在实际应用中，单一的分割算法并不能很好地完成分割的任务，需要根据具体的任务情况来组合出效果最好的分割方法。

2. 字符识别

常见的字符识别算法为 KNN 最邻近分类算法。

KNN 最邻近分类算法是一个在理论上比较成熟的方法，也是最简单的模式识别算法之一。该算法的思路：K 个最相似（即特征空间中最邻近）的样本中的大多数属于某一个类别，则该样本也属于这个类别。KNN 算法在分类时的主要缺点是：当样本数不均衡，即在样本中有一类或者几类样品数特别大，其他样本数很小时，容易产生误分类的现象。

KNN 算法的计算步骤：

① 计算距离：在给定分类对象中计算它与训练集样本中每个对象的距离。

② 找最邻近：圈定最近的 K 个训练对象，作为待分类对象的邻近。

③ 开始分类；根据 K 个邻近归属的类别，来对待分类对象进行分类。

KNN 算法易于理解和实现，并且不需要进行训练。但是缺点也非常明显，在进行分类时计算量大，内存开销大，因此计算速度不快。

4.4 机器视觉典型应用

4.4.1 机器视觉系统应用

在国外，机器视觉的应用普及主要体现在半导体及电子行业，其中大概 40%～50%都集中在半导体行业。具体如 PCB 印刷电路：各类生产印刷电路板组装技术、设备；单、双面、多层线路板，覆铜板及所需的材料及辅料；辅助设施以及耗材、油墨、药水药剂、配件；电子封装技术与设备；丝网印刷设备及丝网周边材料等。

SMT 表面贴装：SMT 工艺与设备、焊接设备、测试仪器、返修设备及各种辅助工具及配件、SMT 材料、贴片剂、胶粘剂、焊剂、焊料及防氧化油、焊膏、清洗剂等；再流焊机、波峰焊机及自动化生产线设备。

电子生产加工设备：电子元件制造设备、半导体及集成电路制造设备、元器件成型设备、电子工模具。机器视觉系统还在质量检测的各个方面得到了广泛应用，并且其产品在应用中占据着举足轻重的地位。除此之外，机器视觉还用于其他各个领域。

而在中国，视觉技术的应用开始于上世纪 90 年代，因为行业本身就属于新兴的领域，再加之机器视觉产品技术的普及不够，导致以上各行业的应用几乎空白。目前国内机器视觉产品大多为国外品牌。国内大多机器视觉公司基本上靠代理国外各种机器视觉品牌起家，随着机器视觉的不断应用，公司规模慢慢做大，技术上已经逐渐成熟。国内一些公司开始开发拥有完全自主知识产权的机器视觉算法。

随着视觉技术的发展和提高，3D 机器视觉也开始进入人们的视野。3D 机器视觉大多用于水果和蔬菜、木材、化妆品、烘焙食品、电子组件和医药产品的评级。它可以提高合格产品的生产能力，在生产过程的早期就报废劣质产品，从而减少了材料浪费，节约了成本。这种功能非常适合用于高度、形状、数量甚至色彩等产品属性的成像。

在行业应用方面，主要有电子、半导体、汽车制造、医药、包装、纺织、食品、烟草、交通、物流等行业，用机器视觉技术取代人工，可以提高生产效率和产品质量。例如在物流行业，使用机器视觉技术进行快递的快速分拣分类，减少人工分拣物品的损坏率，提高分拣效率，减少人工劳动。

随着工业 4.0 的到来，机器视觉技术在工业自动化中的地位十分重要，机器视觉技术的不断创新，推动了工业自动化、智慧安防以及人工智能等行业的进步，也为这项技术所能应用的领域带来了更多发展潜力与机会。

人类感知外界信息的80%是通过眼睛获得的，图像包含的信息量是最大的。机器视觉技术的出现，为机器设备安上了感知外界的眼睛，使机器具有像人一样的视觉功能，从而实现各种检测、测量、定位、识别等功能。

检测是机器视觉工业领域最主要的应用之一，几乎所有的产品都需要检测，而人工检测存在较多弊端，人工检测的准确性低，长时间工作容易使人疲劳，准确性无法保证，并且检测速度慢，容易影响整个生产过程。因此，机器视觉在图像检测的应用方面也非常广泛。

4.4.2 机器视觉的典型应用

1. 纸杯的缺陷检测

纸杯生产中，由于机器部分零件上面会有油污或者其他的异物，设备检修的过程中很容易造成纸杯原材料的污染，因此在生产出来之后，包装之前需要对纸杯做检测。人工检测准确性无法保证且远远跟不上机器的速度。采用机器视觉检测，可以大大提高检测效率和准确性。图4-16为采用机器视觉进行纸杯缺陷检测的处理界面。

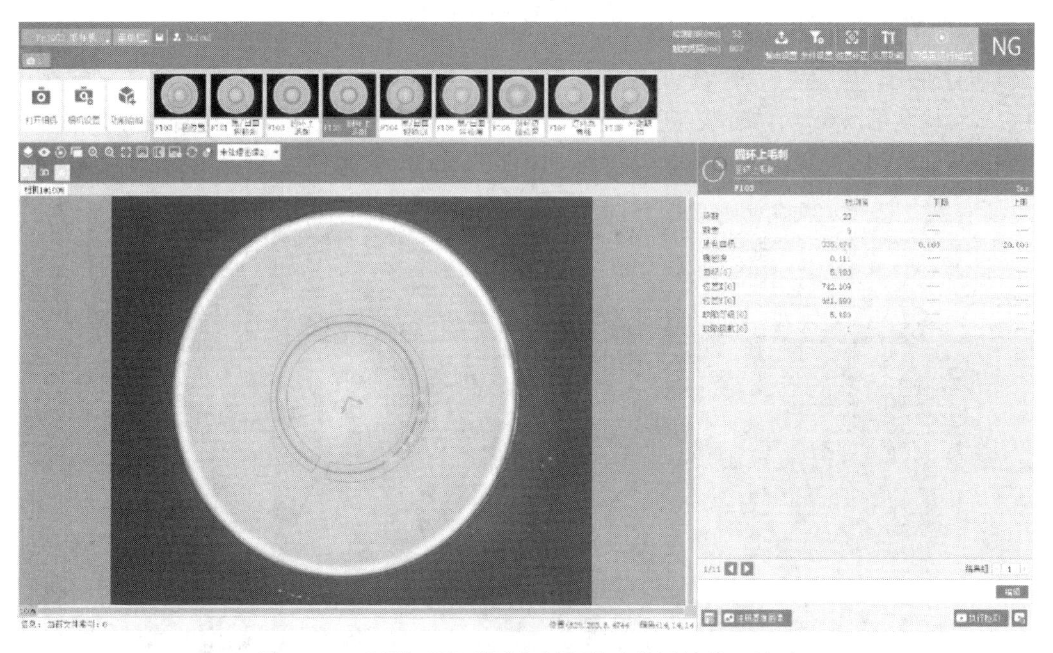

图4-16 采用机器视觉进行纸杯缺陷检测的处理界面

2. PCB电路板封装质量检测

PCB板在生产过程中由于一些生产工艺或者装配缺陷导致IC元件缺失、混料、或多余，通过机器视觉检测，可以大大提高产品的良率，降低次品率以及原料浪费。图4-17为采用机器视觉进行IC元件缺失、混料、读码检测的处理界面。

机器视觉工业应用最大的特点就是其非接触测量技术，同样具有高精度和高速度的性能，但非接触无磨损，消除了接触测量可能造成的二次损伤隐患。常见的测量应用包括齿轮、接插件、汽车零部件、IC 元件管脚、麻花钻、罗定螺纹检测等。

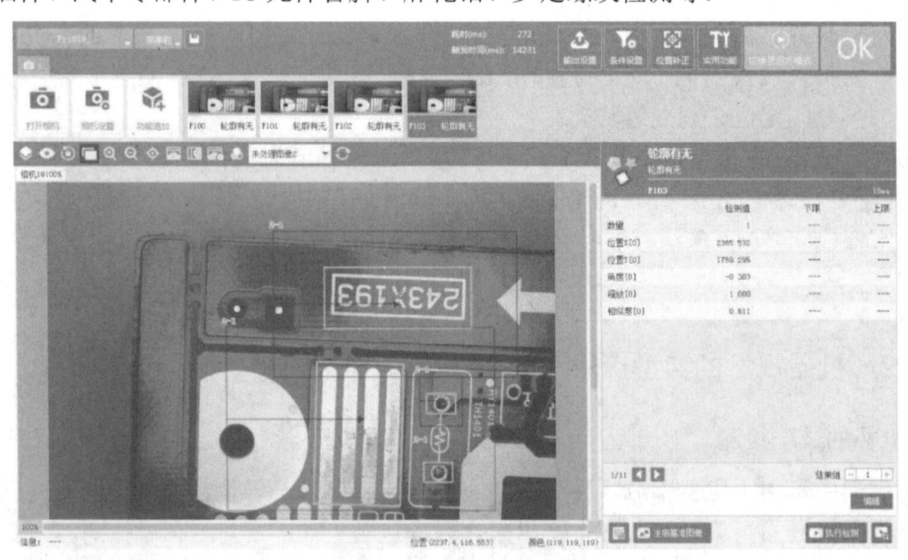

图 4-17　采用机器视觉进行 IC 元件缺失、混料、读码检测的处理界面

3．零部件尺寸检测

汽车行业中，齿轮是一种常规的零部件，尺寸的大小以及精度影响最终产品的稳定性和安全性，视觉检测可以稳定、快速、高效测量其尺寸并及时把不合格产品信号发给 PLC 或其他执行机构，从而剔除不合格产品。图 4-18 为采用机器视觉进行零部件尺寸检测的处理界面。

图 4-18　采用机器视觉进行零部件尺寸检测的处理界面

4．手机后盖 3D 检测

手机已经成为大家日常生活中必不可少的工具，手机后盖的质量好坏直接影响用户的体验，在手机后盖的质量把控中，其平面度和尺寸的测量尤为重要，采用机器视觉软件+3D 相机+2D 相机+运动机构构成整套视觉检测系统，可以快速高效地达到检测目的。手机后盖的

平面度测量，采用 3D 相机，扫描后盖的高度信息，并发送给视觉软件进行分析，软件把不合格的产品信息发送给 PLC 等设备，并由执行机构剔除。图 4-19 为采用机器视觉进行手机后盖 3D 检测的处理界面。

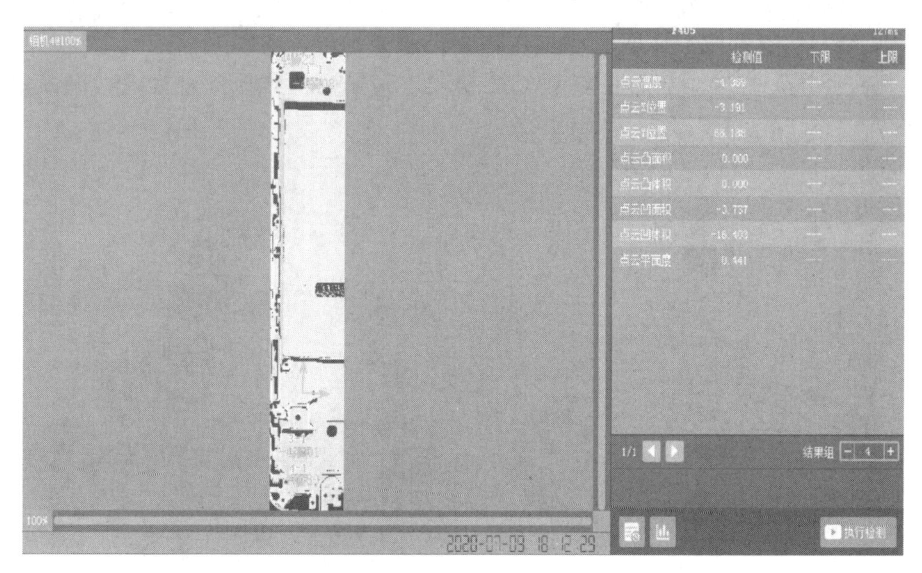

图 4-19　采用机器视觉进行手机后盖 3D 检测的处理界面

手机后盖的螺纹孔等尺寸测量，采用 2D 相机拍摄，精度达到μm 级，把不符合尺寸要求的产品的信息发送给 PLC，PLC 控制执行机构及时剔除不合格产品。图 4-20 为采用机器视觉进行手机后盖螺纹尺寸检测的处理界面。

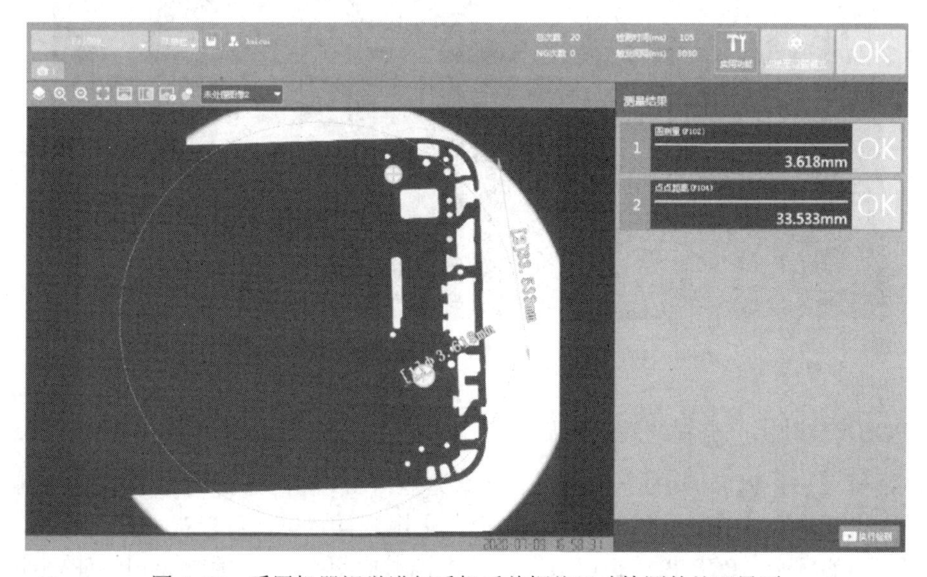

图 4-20　采用机器视觉进行手机后盖螺纹尺寸检测的处理界面

视觉定位要求机器视觉系统能够快速准确地找到被测零件并确认其位置。在半导体封装领域，设备需要根据机器视觉取得的芯片位置信息调整拾取头，准确拾取芯片并进行绑定。这就是视觉定位在机器视觉工业领域最基本的应用。

5．轮毂抛光检测

汽车轮毂生产过程中，传统的人工方式存在抛光劳动强度大，效率低，抛光质量受操作人员技术水平的影响，出现产品一致性差等问题。通过视觉系统，对气门芯的位置进行准确定位，引导机器人/机械手抓取、放置、打磨、抛光轮毂，对抛光后的轮廓进行检测，是否存在毛刺，并剔除打磨不合格的轮毂。图 4-21 为采用机器视觉进行轮毂抛光检测的示意图。

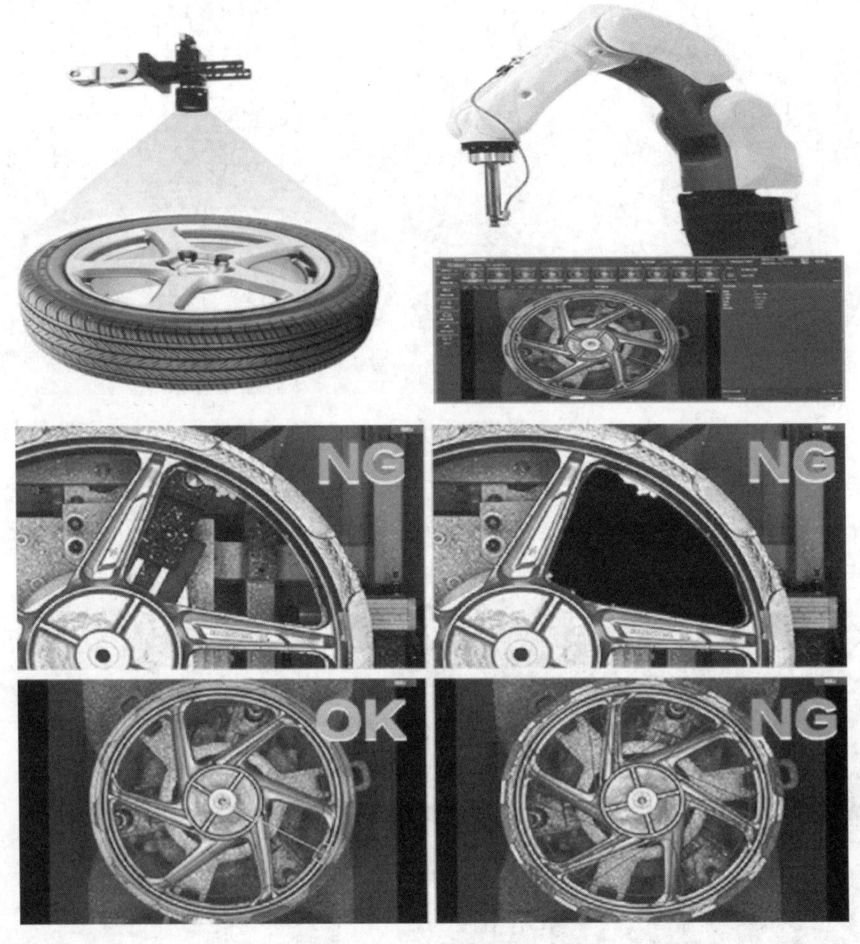

图 4-21　采用机器视觉进行轮毂抛光检测示意图

6．PCBA 自动生产流程的质量检测

在电子行业中，PCB 板的安装是设备组装过程中必不可少的一步，采用人工搬运安装效率低、人工成本高并且还容易污染 PCB 板；采用视觉定位，可以极大提高效率，节省成本，提高产品的良率。PCB 板的抓取放置，首先视觉检测到 PCB 板的 mark 点的坐标位置以及角度数据，并把这些数据发给机械手，根据这些位置数据将 PCB 板从 Tray 盘中抓取。同时视觉并读取 PCB 上的条码数据，送至客户端数据系统，进行追溯。PCB 检测产线空间狭小，需要多人工作，才能保证产能。视觉+机械进行以太网通信协作，适合狭小空间作业，彻底实现自动化，保证并提高产能。实现自动化读码，无须再人工读码。图 4-22 为采用机

器视觉进行 PCB 板安装示意图。

图像识别，是利用机器视觉对图像进行处理、分析和理解，以识别各种不同模式的形状和对象。图像识别在机器视觉工业领域中的最典型的应用就是二维码的识别了，二维码就是我们平时常见的条形码中最为普遍的一种。将大量的数据信息存储在小小的二维码中，通过条码对产品进行跟踪管理。通过机器视觉系统，可以方便、快速地对各种材质表面的条码进行识别读取，大大提高了现代化生产的效率。

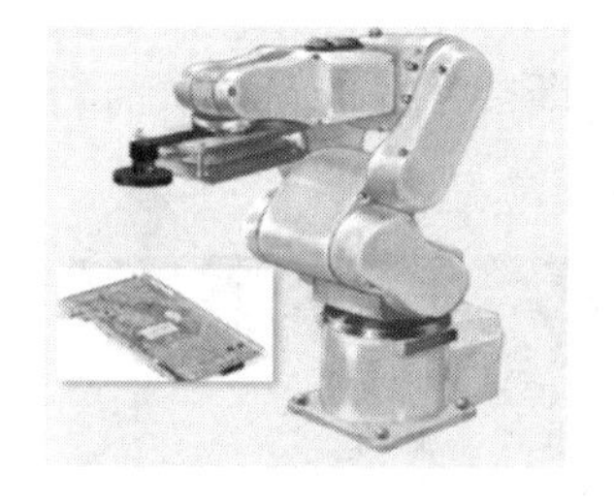

图 4-22　采用机器视觉进行 PCB 板安装示意图

PCBA 测试完成后，需要专门人员扫码确认是否测试、点数装箱、贴码打单，整个过程需要人工来完成，每条线都需要相应的人力投入。为了提高效率、节省人力成本，采用视觉自动读取条码信息，由测试人员将堆好的静电箱推入指定放置区域或者 AVG 自动运到指定区域，通过机械臂的抓取上料，实现自动扫码查询测试记录并自动点数、装箱、贴上入库标签，放到指定区域放置好，再通过 VGA 自动入库的方式，实现测试完成后的 PCBA 自动入库，从而达到减少点数和环节等待时间，减少浪费，提高入库效率的目的。整个 PCBA 自动生产流程图如图 4-23 所示。PCBA 生产时采用机器视觉进行码字识别如图 4-24 所示。

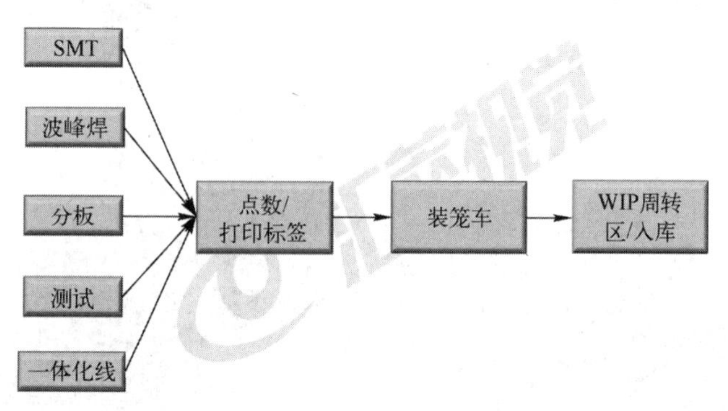

图 4-23　PCBA 自动生产流程图

随着电子商务的发展，网购成为人们日常购物最重要的方式之一，商品下单后，由商家通过快递发货，客户只需要到指定快递点领取包裹就可以，十分方便。在包裹的运送过程中，涉及多次包裹的分拣，通过包裹上的条码或者二维码的信息来确定包裹的流向。图 4-25 给出了包裹分拣时采用机器视觉进行码字识别的场景图。图 4-26 给出了采用机器视觉系统进行码字识别的控制界面。

通过识别到的条码信息，将包裹快速高效分拣到不同的区域。一般单个条码的识别时间在 100ms 之内，准确度在 99%以上。

7．啤酒包装热熔胶检测

近些年来红外热成像技术逐步开始应用于工业生产和日常生活中，如电子、半导体、钢铁、汽车制造、食品包装、医疗等。

某啤酒生产企业，在对啤酒装箱封装的时候，先在固定位置采用热熔胶黏合，再使用胶带封合，热熔胶的量的多少直接关系到黏合质量，由于遮挡问题，人工也无法看到热熔胶的量，采用视觉系统后，利用红外相机的热成像功能可以采集热熔胶形态的图像，通过视觉系统的处理，就可以判断热熔胶的量，从而判断封箱质量的好坏。图 4-27 为啤酒包装热熔胶检测的控制界面。

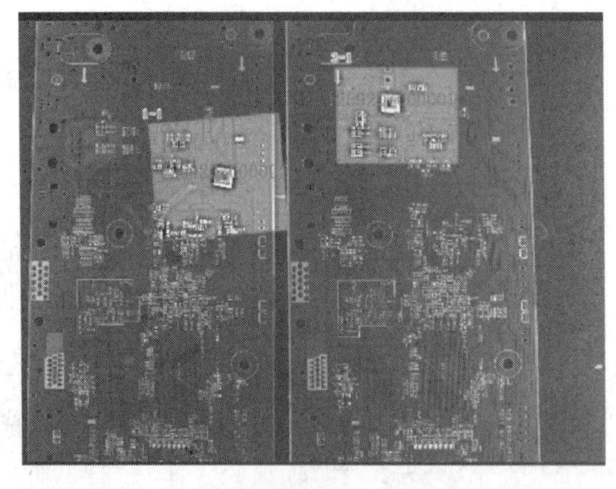

图 4-24　PCBA 生产时采用机器视觉进行码字识别

图 4-25　包裹分拣时采用机器视觉进行码字识别场景图

图 4-26　采用机器视觉系统进行码字识别的控制界面

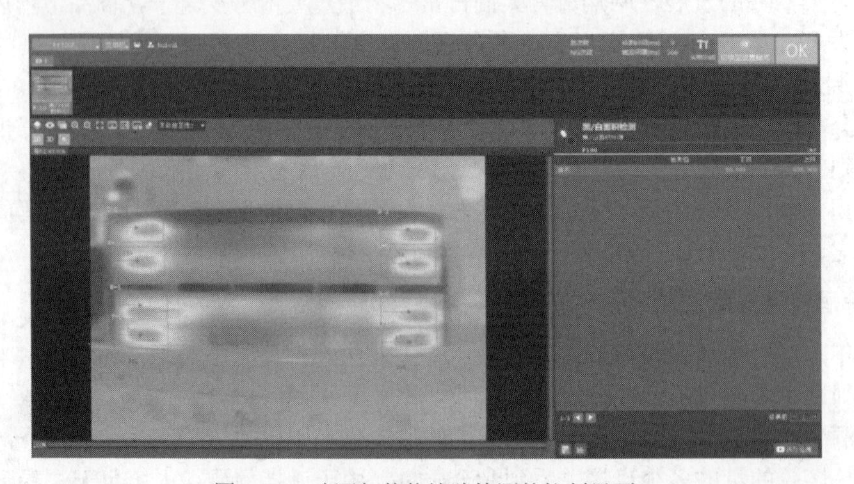

图 4-27　啤酒包装热熔胶检测的控制界面

4.5 人工智能、机器视觉与5G三者结合

4.5.1 人工智能、机器视觉与5G三者关系

人工智能作为研究、开发用于模拟、延伸和扩展人的智能的理论、方法、技术及应用系统的一门新的技术科学，是计算机科学的一个分支，它企图了解智能的实质，并生产出一种新的能以人类智能相似的方式做出反应的智能机器，该领域的研究包括机器人、语言识别、图像识别、自然语言处理和专家系统等。人工智能从诞生以来，理论和技术日益成熟，应用领域也不断扩大，可以设想，未来人工智能带来的科技产品，将会是人类智慧的“容器”。人工智能可以是对人的意识、思维的信息过程的模拟。人工智能不是人的智能，但能像人那样思考，也可能超越人的智能。

人工智能是一门极富挑战性的科学，从事这项工作的人必须懂得计算机知识，心理学和哲学。人工智能是包括十分广泛的科学，它由不同的领域组成，如机器学习、计算机视觉等，总的说来，人工智能研究的一个主要目标是使机器能够胜任一些通常需要人类智能才能完成的复杂工作。

机器视觉是人工智能的一个重要分支，是用机器代替人眼做判断。机器视觉是一项综合技术，包括图像处理、机械工程技术、控制、电光源照明、光学成像、传感器、模拟与数字视频技术、计算机软硬件技术（图像增强和分析算法、图像采集卡、I/O 板卡等）。机器视觉系统就是通过图像采集装置将被拍摄到的产品的图像信息传输给专业的图像处理系统，得到被拍摄物体的形态信息，将像素分布和亮度、颜色等信息，转变成数字化信号；图像系统对这些信号进行各种运算来抽取目标的特征，进而根据判别的结果来控制现场的设备动作。

第五代移动通信技术（简称5G或5G技术）是最新一代蜂窝移动通信技术，也是继4G（TD-LTE、LTE-FDD）、3G（WCDMA、cdma2000、TD-SCDMA）和2G（GSM、IS-95A）系统之后的延伸。5G具有高速率、低时延、大连接等特点，对于普通消费者而言，最直观的感受就是下载电影更快了，打游戏不卡了……但速率的提升对于5G来说只是一个方面，它将赋能千行百业，其海量应用场景更值得探索与期待。5G赋能下，工业生产有望迎来颠覆性变革。

4.5.2 人工智能、机器视觉与5G三者结合的应用场景

现代化的企业生产过程中，对于质量的管控有严格的要求，如果在生产车间部署工业相机或者通过巡检机器人部署工业相机，把采集到的图像上传到云端，结合5G的大带宽、低时延等特点和机器视觉技术相结合，对生产线的产品质量进行智能化监控和分析，实时给出产品合格或不合格信号并生成质检报告或报表，并提醒生产线或后台及时调整产线，减少不合格率，提高产品合格率。

对于肉眼难以分辨的细微零部件还可以通过定制化特殊光源等获取更优光照环境，加上特殊镜头和专业相机，同时结合5G+机器视觉技术，实现视频图像处理，自动判断标注，杜绝人为误检漏检，使产品质检从“人工”方式向“人工智能”转变。

除此之外，工业生产还可借助5G进行更多的生产优化，如通过大数据和AI技术对生

产需求进行分析，优化生产线设计；通过 5G 网络实时拍摄并传输生产线实况，同时利用巡检机器人对生产线进行实时监控，保证生产顺畅，能够对故障进行预警和排除等。

在一些高危生产行业，比如钢铁行业、煤炭（矿井）行业、化工行业通常会采用一些无人化的设备对企业的环境以及安全做实时监测，通常会在无人巡检机器人上分别部署图像采集装置和 5G 通信模块，将实时传输采集到的数据到云端，然后云端把数据再发送给机器视觉系统判断现场情况，并把判断结果反馈给控制中心处理，及时追踪现场生产情况。图 4-28 为 5G+机器视觉系统示意图。

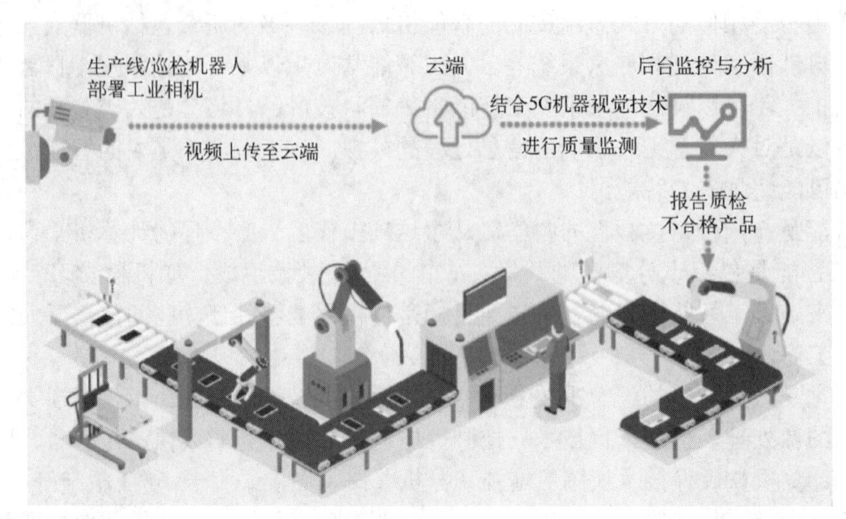

图 4-28　5G+机器视觉系统示意图

此场景对于一些高危或对人体有害的现场环境是非常适合的，可以提前预警并有效避免生产事故以及人员和财产损失。而且此类应用对于无人智能化的港口、矿山以及跨国远程设备装配和维护具有广泛的应用前景。

综上，结合各类应用，5G+机器视觉系统组成如图 4-29 所示。

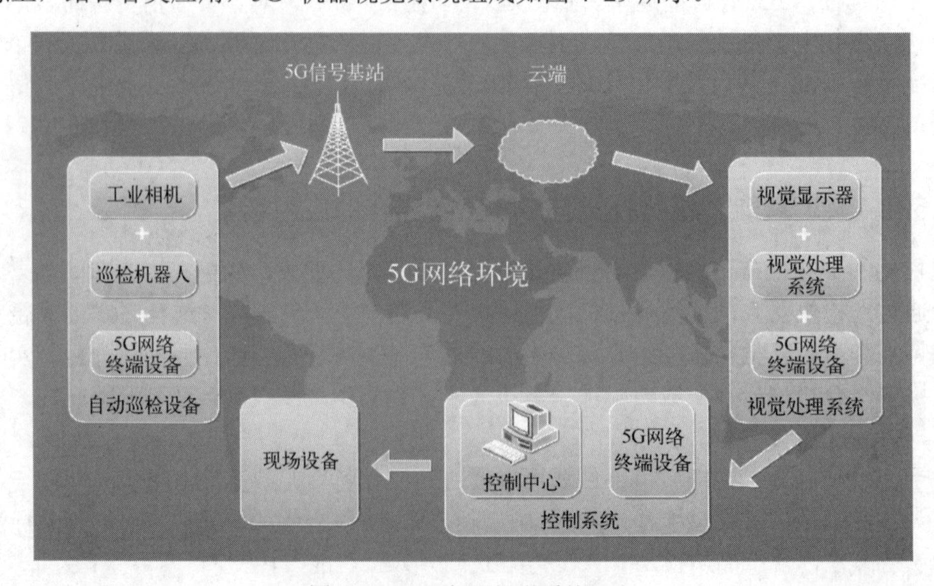

图 4-29　5G+机器视觉系统组成

第5章　智 能 制 造

5.1　引　　言

“中国制造 2025”的核心是创新驱动发展，主线是工业化和信息化两化融合，主攻方向是实现制造业智能制造，最终实现制造业的数字化、网络化和智能化。工业 4.0 是一个产业的技术转型，是产业的变革，工业 4.0 是以智能制造为主导的第四次工业革命或革命性的生产方法。本章将从智能制造概述，包括智能制造的概念和内容及特征，工业 4.0 的由来以及工业 4.0 所提出的智能制造标准，并结合“中国制造 2025”，对智能制造进行介绍。

5.1.1　智能制造概念

智能制造（Intelligent Manufacturing，IM）是一种由智能机器和人类专家共同组成的人机一体化智能系统，它在制造过程中能进行智能活动，诸如分析、推理、判断、构思和决策等。通过人与智能机器的合作共事，去扩大、延伸和部分地取代人类专家在制造过程中的脑力劳动。它把制造自动化的概念进行更新，扩展到柔性化、智能化和高度集成化。智能制造源于人工智能的研究。一般认为智能是知识和智力的总和，前者是智能的基础，后者是指获取和运用知识求解的能力。智能制造应当包含智能制造技术和智能制造系统，智能制造系统不仅能够在实践中不断地充实知识库，具有自学习功能，还有搜集与理解环境信息和自身的信息，并进行分析判断和规划自身行为的能力。

5.1.2　智能制造系统及组成

智能制造系统（Intelligent Manufacturing System，IMS）是一种由智能机器和人类体验专家共同组成的人机一体化系统，它突出了在制造诸环节中，以一种高度柔性与集成的方式，借助计算机模拟的人类专家的智能活动，进行分析、判断、推理、构思和决策，取代或延伸制造环境中人的部分脑力劳动，同时，收集、存储、完善、共享、继承和发展人类专家的制造智能。由于这种制造模式，突出了知识在制造活动中的价值地位，而知识经济又是继工业经济后的主体经济形式，所以智能制造就成为影响未来经济发展过程的制造业的重要生产模式。智能制造是通过新一代信息技术、自动化技术、工业软件及现代管理思想在制造企业全领域、全流程的系统应用而产生的一种全新的生产方式。搭建智能制造系统即是将这种生产方式应用至制造业企业的生产经营中，使企业在研发、生产、管理、服务等方面变得更加“聪明”，实现制造智能化的过程。智能制造系统可理解为企业在引入数控机床、工业机器人等生产设备并实现生产自动化的基础上，再配备一套精密的智能“神经系统”。所谓的智能“神经系统”，是以实现数据纵向集成的 ERP（企业资源计划系统）、MES（生产过程执行系统）等管理软件组成中枢神经，以传感器、嵌入式芯片、RFID 标签、条码等组件为神经元，以 PLC（可编程逻辑控制器）为链接控制神经元的突触，以现场总线、工业以太网、NB-IoT 等通信技术为神经纤维的一整套完整的数据采集、流转、分析系统。

企业能够借助智能“神经系统”感知环境、获取信息、传递指令，以此实现科学决策、智能设计、合理排产，提升设备使用率，监控设备状态，指导设备运行。智能制造系统架构如图 5-1 所示。

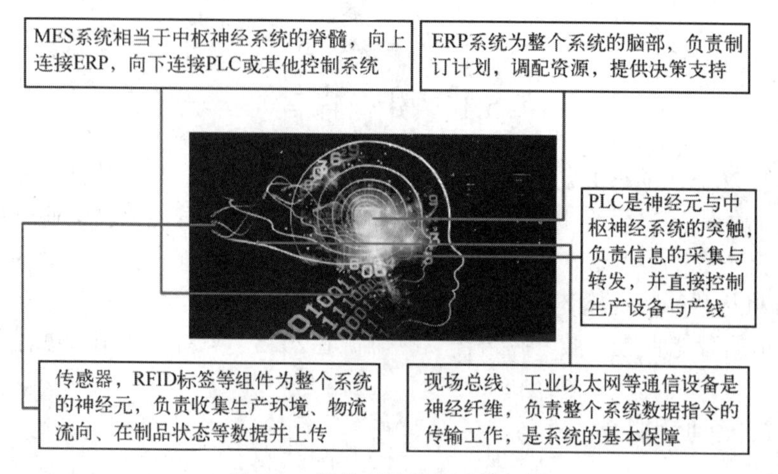

图 5-1　智能制造神经系统架构

如图 5-1 所示，以人类神经系统与智能“神经系统”进行类比，可以把 ERP 视为整个系统的大脑，而 MES 则作为系统的脊髓，两者构成智能制造系统的中枢神经。ERP 是企业最顶端的资源管理系统，强调对企业管理的事前控制能力，它的核心功能是管理企业现有资源并对其合理调配和准确利用，为企业提供决策支持；MES 是面向车间层的管理信息系统，主要负责生产管理和调度执行，能够解决工厂生产过程的“黑匣子”问题，实现生产过程的可视化和可控化。

PLC 即可编程逻辑控制器，主要由 CPU、存储器、输入/输出单元、外设 I/O 接口、通信接口及电源共同组成，根据实际控制对象的需要配备编程器、打印机等外部设备，具备逻辑控制、顺序控制、定时、计数等功能，能够完成对各类机械电子装置的控制任务。在智能制造系统中，PLC 不仅是机械装备和生产线的控制器，还是制造信息的采集器和转发器，类似于神经系统中的“突触”，一方面收集、读取设备状态数据并反馈给上位机（MES 系统），另一方面接收并执行上位机发出的指令，直接控制现场层的生产设备。

企业在研发、计划、生产、工艺、物流、仓储、检测等各个环节都会产生海量数据，如何让海量数据在智能“神经系统”内顺畅流转，就需要一套健全的神经纤维网络系统，该系统通常由现场总线、工业以太网、工业光纤网络、TSN、NB-IoT 等各类工业通信网络组成。

神经元是神经系统的基本组成单位，在智能“神经系统”中，担任此角色的就是与物料、在制品、生产设备、现场环境等物理界面直接相连的传感器、RFID 标签、条码等组件。传感器与 RFID 标签组成了智能制造系统感知物理世界的最前端数据源。

智能制造实现过程中的每一步都离不开数据，必须将数据转换成信息，形成知识，为智能制造打下坚实的基础。一个高效的智能制造系统要求正确的原材料在正确的时间到达正确的地点并由正确的人员去使用，图 5-2 为典型的企业智能制造执行系统。

整个智能制造执行系统功能模块包括：

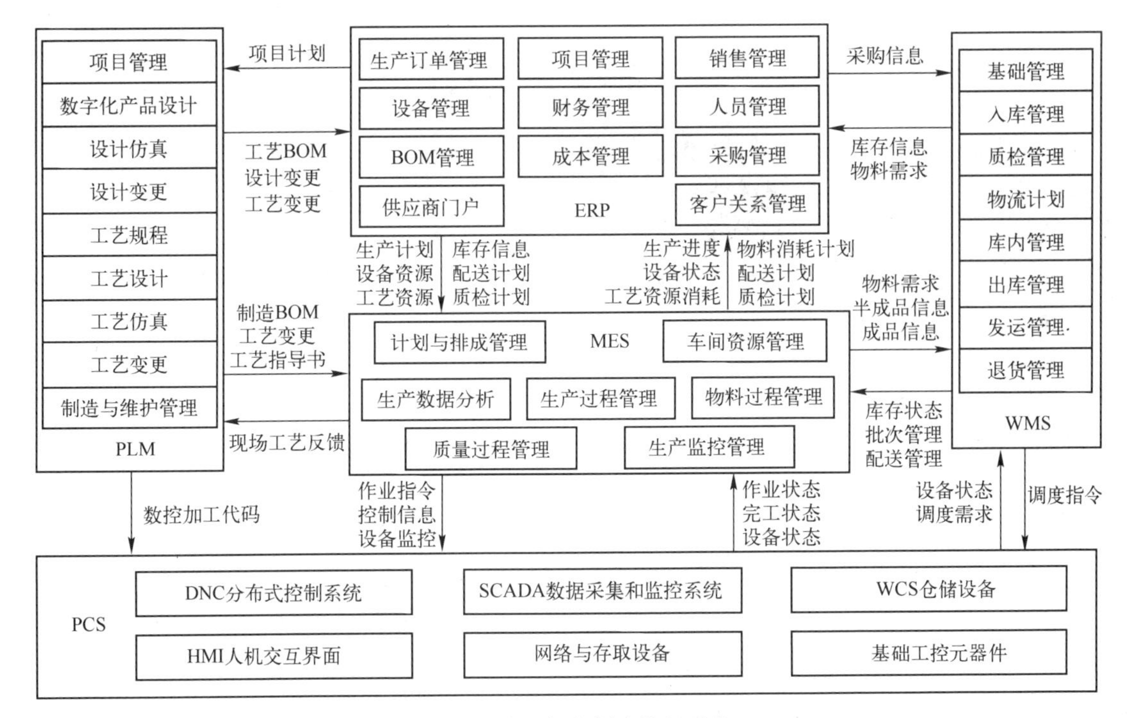

图 5-2　企业智能制造执行系统

（1）产品工艺，一个好的 MES 系统应该是一个了解产品制造工艺过程的 MES 系统。产品工艺模块就是建立在新产品创建上的，它了解产品设计、工艺流程、工艺参数和作业指导。同时全自动流程引擎导航操作的方式，大大降低了从研发到正式生产的时间。

（2）生产管理，MES 系统生产管理模块的主要功能是过站信息收集、生产流程执行、检验、无纸化、追溯和工艺验证，在最大范围和程度上支援产线操作员的工作。

（3）质量管理，任何一个生产制造企业，对质量的管控都是重中之重，若质量把控不过关，则会影响企业声誉。MES 系统中的质量管理模块就是利用数字化的手段来预防和全面解决这一问题，高效完成符合公司、客户和行业质量标准中所规定的要求。

（4）设备管理，设备与智能工厂的制造生产息息相关，生产效率的提升与如何统筹管理好制造设备和工装是密不可分的。MES 系统中的设备管理可以利用数字化的方式，管理设备和资源，提升工作效率，确保设备及工厂生产运行顺畅，从而减少人的工作量。统筹协调、管理智能工厂设备资源，确保设备及工厂的正常运行。

（5）可视化管理，MES 的可视化的功能是打破距离和信息碎片，可全面、系统地掌握生产过程以及实时生产数据。便捷设置可视化模板、零距离查看生产信息、定时发送报表，帮助车间管理人员实时了解生产状况，及时做出政策调整。

（6）信息集成，面向智能工厂和智能制造 MES，必须具备系统集成和设备接口功能，否则无法实现车间内、工厂内、工厂之间及供应链之间的各类信息互通，并支撑智能工厂所需的智能调度、优化、可视化等功能。

（7）系统管理，管理人员信息、辅助 MES 系统运行以及个性化参数设置，系统管理是一个工业软件的操盘手，可以方便、快捷、既严谨又灵活地管理人员、角色和权限的分配以及基础资料设置，能够辅助整个 MES 系统高效、准确、可靠运行。

5.2 智能制造的特征

和传统的制造相比，智能制造系统具有以下特征：

（1）生产设备网络化，实现车间“物联网”。

物联网是指通过各种信息传感设备，实时采集任何需要监控、连接、互动的物体或过程等各种需要的信息，其目的是实现物与物、物与人，以及所有的物品与网络的连接，方便识别、管理和控制。图 5-3 所示为基于 5G 通信的电热管加工智能制造物联网架构，利用 5G 的多连接和高可靠性，使各种终端可摆脱线缆，在任意位置均可以使用，终端收集到的数据通过 5G 的大带宽和低时延快速传输到应用平台，应用平台借助 MEC 的高计算能力快速进行处理，将结果反馈给制造系统，最终完成智能制造的整个流程。

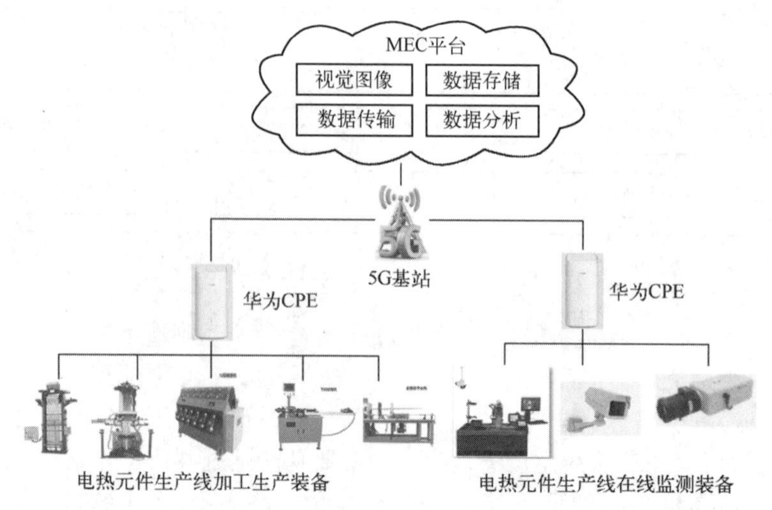

图 5-3　基于 5G 通信的电热元件智能制造物联网架构

（2）生产文档无纸化，实现高效、绿色制造。

生产文档进行无纸化管理后，工作人员在生产现场即可快速查询、浏览、下载所需要的生产信息，生产过程中产生的资料能够即时进行归档保存，大幅降低基于纸质文档的人工传递及流转，从而杜绝了文件、数据丢失，进一步提高了生产准备效率和生产作业效率，实现绿色、无纸化生产。图 5-4 为企业智能制造无纸化方案。

（3）生产数据可视化，利用大数据分析进行生产决策。

在生产现场，每隔几秒就收集一次数据，利用这些数据可以实现很多分析，包括设备开机率、主轴运转率、主轴负载率、运行率、故障率、生产率、设备综合利用率（OEE）、零部件合格率、质量百分比等，如图 5-5 所示。首先，在生产工艺改进方面，在生产过程中使用这些大数据，就能分析整个生产流程，了解每个环节是如何执行的。一旦有某个流程偏离了标准工艺，就会产生一个报警信号，能更快速地发现错误或者瓶颈所在，也就能更容易解决问题。利用大数据技术，还可以对产品的生产过程建立虚拟模型，仿真并优化生产流程，当所有流程和绩效数据都能在系统中重建时，这种透明度将有助于制造企业改进其生产流程。再如，在能耗分析方面，在设备生产过程中利用传感器集中监控所有的生产流程，能够发现能耗的异常或峰值情形，由此便可在生产过程中优化能源的消耗，对所有流程进行分析将会大大降低能耗。

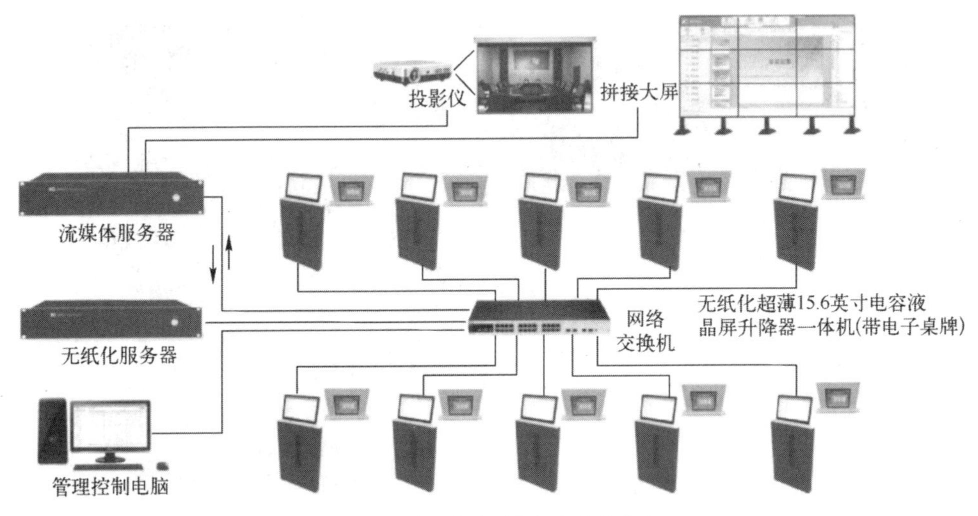

图 5-4　企业智能制造无纸化方案

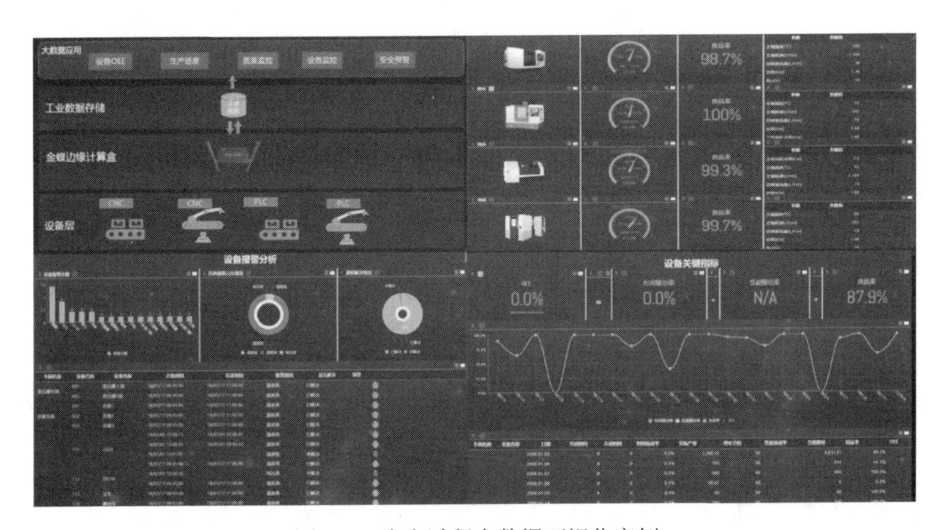

图 5-5　生产过程大数据可视化案例

（4）生产过程透明化，实现智能工厂的“神经”系统。

数字模型、物理模型的精确设计，是优化智能制造工艺流程，对生产线主要环节、核心部件物理特性（力学、温度等）联合仿真验证的技术关键。为此将基于数字孪生理论，在数字化平台上设计虚拟仿真模型，并通过工业以太网与现场控制器（PLC 等）通信，获取现场设备、传感器、机器人的控制信息、传感信息，从而驱动仿真模型，实现数字模型、控制模型及传感信息的交互，实现生产过程透明化，如图 5-6 所示。

（5）生产现场无人化，真正做到“无人”厂。

在离散制造企业生产现场，数控加工中心智能机器人和三坐标测量仪及其他所有柔性化制造单元进行自动化排产调度，工件、物料、刀具进行自动化装卸调度，可以达到无人值守的全自动化生产模式。在不间断单元自动化生产的情况下，管理生产任务优先和暂缓，远程查看管理单元内的生产状态情况，如果生产中遇到问题按预设程序进行排查；一旦解决问题后，立即恢复自动化生产；整个生产过程无须人工参与，真正实现“无人”智能生产。图 5-7 所示为汽车无人装配车间。

图 5-6　基于数字孪生技术的生产过程透明化

图 5-7　汽车无人生产车间

5.3　工业 4.0 与智能制造

5.3.1　工业 4.0 概念

“工业 4.0”是指利用物联信息系统（CyberPhysical System，CPS）将生产中的供应、制造、销售信息数据化、智慧化，最后达到快速、有效、个性化的产品供应。

“工业 4.0”的概念在德国 2011 年的汉诺威工业博览会上首次提出。自此之后，由德国设备协会、德国工业协会、德国制造协会以及德国机械协会四家协会联合带头，建立了“工业 4.0 工作小组”，加强“工业 4.0”的相关研究，进一步推进“工业 4.0”的进度，并向德国政府进行相关报告。2013 年，德国政府首次发表了“工业 4.0”的标准化路线图，建立了企业和政府共同合作的“工业 4.0”平台。2014 年，德国政府正式颁布“工业 4.0”的相关法律，由此，“工业 4.0”从一项企业政策正式成为国家法律。在很短的时间内，“工业 4.0”就由一个民间的概念变为了各大党派、政府、企业、工会、研究院所共同认同的一个国家产业战略，并最终上升成为国家法律。

5.3.2 工业 4.0 的内涵及特征

1. 工业 4.0 的内涵

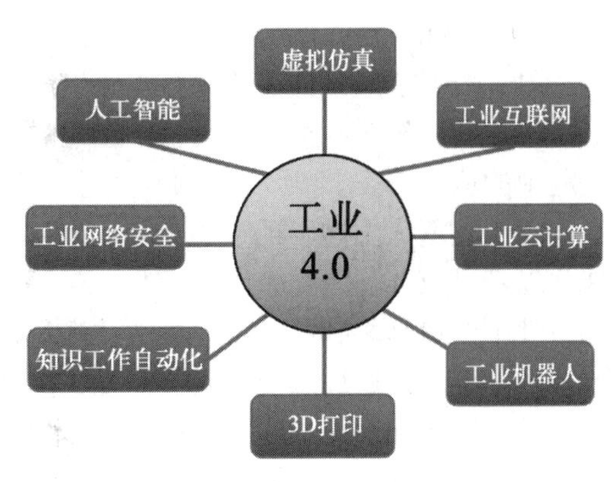

图 5-8 工业 4.0 相关技术

“工业 4.0”概念包含了由集中式控制向分散式增强型控制的基本模式转变，目标是建立一个高度灵活的个性化、数字化和智能化的产品与服务的生产模式。在这种模式中，传统的行业界限将消失，并会产生各种新的活动领域和合作形式。与此同时，作为实现“工业 4.0”的核心，智能制造相关技术不断发展，如人工智能、工业互联网、工业云计算等，如图 5-8 所示。

“工业 4.0”以智能制造为基础核心，主要包含三大主题：

一是“智能工厂”，重点研究智能化生产系统及过程，以及网络化分布式生产设施的实现。

二是“智能生产”，主要涉及整个企业的生产物流管理、人机互动以及 3D 技术在工业生产过程中的应用等。该计划将特别注重吸引中小企业参与，力图使中小企业成为新一代智能化生产技术的使用者和受益者，同时也成为先进工业生产技术的创造者和供应者。

三是“智能物流”，主要通过互联网、物联网、物流网，整合物流资源，充分发挥现有物流资源供应方的效率，而需求方则能够快速获得服务匹配，得到物流支持。

2. 工业 4.0 的特征

“工业 4.0”具有互联、数据、集成、创新和转型这五大特征。

（1）把设备、生产线、工厂、供应商、产品和客户紧密地联系在一起，这样互联是“工业 4.0”的核心特征。

（2）通过互联，“工业 4.0”将产品数据、设备数据、研发数据、工业链数据、运营数据、管理数据、销售数据、消费者数据等关联在一起，形成一条完整的数据链。

（3）“工业 4.0”将无处不在的传感器、嵌入式中端系统、智能控制系统、通信设施通过 CPS 形成一个智能网络，使人与人、人与机器、机器与机器、以及服务与服务之间，能够形成一个互联，从而实现横向、纵向和端到端的高度集成。

（4）“工业 4.0”的核心理念就是创新，其实施过程是制造业创新发展的过程，制造技术、产品、模式、业态、组织等方面的创新，将会层出不穷，从技术创新到产品创新，到模式创新，再到业态创新，最后到组织创新。

（5）“工业 4.0”一个非常重要的特征，是在整个生产形态上，从大规模生产，转向个性化定制。实际上整个生产的过程更加柔性化、个性化、定制化。对于中国的传统制造业而言，转型实际上是从传统的工厂，以及从 2.0、3.0 的工厂转型到 4.0 的工厂。

5.3.3 工业 4.0 与智能制造

“工业 4.0”即是以智能制造为主导的第四次工业革命或革命性的生产方法。该战略旨在通过充分利用信息通信技术和网络空间虚拟系统——信息物理系统相结合的手段，将制造业向智能化转型。

“工业 4.0”对智能制造转型升级，包含两大主题：

（1）智能工厂：重点研究智能化生产系统及过程，以及网络分布式生产设施的实现。

（2）智能生产：主要涉及整个企业的生产物流管理、人机互动以及 3D 技术在工业生产过程中的应用。

基于这两大主题，通过“工业 4.0”，能够实现生产智能化、设备智能化、能源管理智能化以及供应链管理智能化。工业 4.0 提出的智能制造是面向产品全生命周期，实现泛在感知条件下的信息化制造。智能制造技术是在现代传感技术、网络技术、自动化技术以及人工智能的基础上，通过感知、人机交互、决策、执行和反馈，实现产品设计过程、制造过程和企业管理及服务的智能化，是信息技术与制造技术的深度融合与集成。

基于“工业 4.0”的智能制造是可持续发展的制造模式，其借助计算机建模仿真和信息通信技术的巨大潜力，优化产品的设计和制造过程，大幅度减少物质资源和能源的消耗以及各种废弃物的产生，同时实现循环再用，减少排放，保护环境。

基于工业 4.0 构思的智能工厂将由物理系统和虚拟的信息系统组成，称之为物理信息生产系统（CPPS），是为未来制造业勾画的蓝图，其框架结构如图 5-9 所示。这种新的生产模式必将导致新的商业模式、管理模式、企业组织模式以及人才需求的巨大变化。

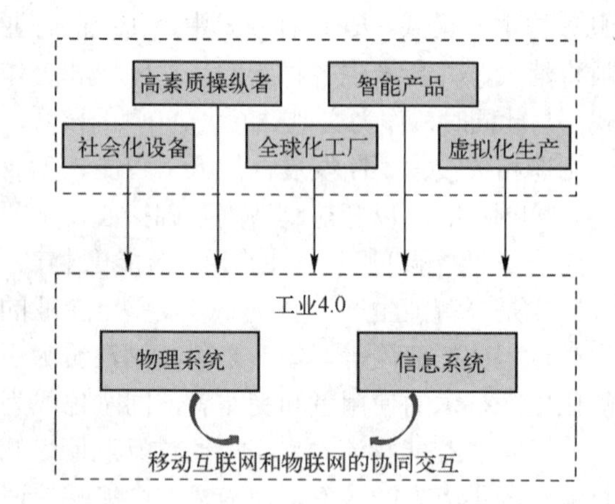

图 5-9　基于工业 4.0 的物理信息生产系统框架结构

5.4 “中国制造 2025”与智能制造

5.4.1 中国制造 2025

《中国制造 2025》是经国务院总理李克强签批，由国务院于 2015 年 5 月印发的部署全面推进实施制造强国的战略文件，是中国实施制造强国战略第一个 10 年的行动纲领，其总体结构如图 5-10 所示。

“中国制造 2025”的目标是：经过 10 年的奋斗，到 2025 年，中国制造业整体素质大幅提升，创新能力显著增强，全员劳动生产率明显提高，智能化、服务化、绿色化达到国际先进水平，中国进入世界制造强国的行列。

“中国制造 2025”的核心是创新驱动发展，主线是工业化和信息化两化融合，主攻方向是智能制造，最终实现制造业数字化、网络化、智能化，而主攻方向是实现制造业智能制造。

1. “中国制造 2025”提出五大工程

（1）制造业创新中心（工业技术研究基地）建设工程

围绕重点行业转型升级和新一代信息技术、智能制造、增材制造、新材料、生物医药等领域创新发展的重大共性需求，形成一批制造业创新中心（工业技术研究基地），重点开展行业基础和共性关键技术研发、成果产业化、人才培训等工作。制定完善制造业创新中心遴选、考核、管理的标准和程序。到 2020 年，重点形成 15 家左右制造业创新中心（工业技术研究基地），力争到 2025 年形成 40 家左右制造业创新中心（工业技术研究基地）。

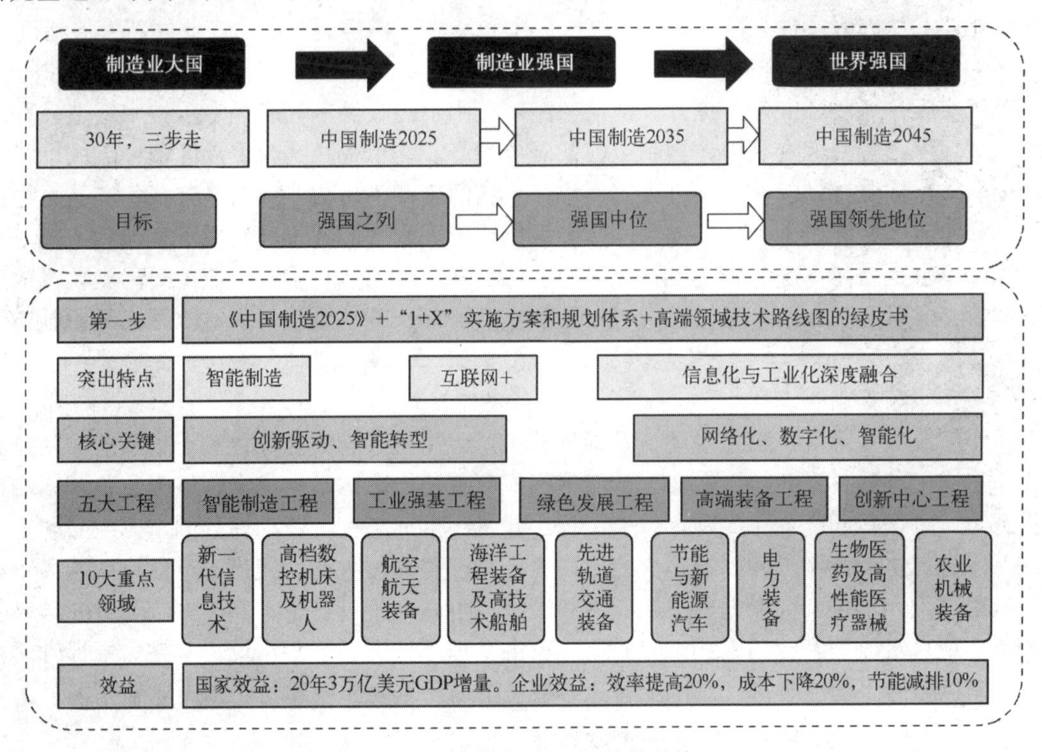

图 5-10　中国制造 2025 总体结构

（2）智能制造工程

紧密围绕重点制造领域关键环节，开展新一代信息技术与制造装备融合的集成创新和工程应用。支持政产学研用联合攻关，开发智能产品和自主可控的智能装置并实现产业化。依托优势企业，紧扣关键工序智能化、关键岗位机器人替代、生产过程智能优化控制、供应链优化，建设重点领域智能工厂/数字化车间。在基础条件好、需求迫切的重点地区、行业和企业中，分类实施流程制造、离散制造、智能装备和产品、新业态新模式、智能化管理、智能化服务等试点示范及应用推广。建立智能制造标准体系和信息安全保障系统，搭建智能制造网络系统平台。到 2020 年，制造业重点领域智能化水平显著提升，试点示范项目运营成本降低 30%，产品生产周期缩短 30%，不良品率降低 30%。到 2025 年，制造业重点领域全面实现智能化，试点示范项目运营成本降低 50%，产品生产周期缩短 50%，不良品率降低 50%。

（3）工业强基工程

开展示范应用，建立奖励和风险补偿机制，支持核心基础零部件（元器件）、先进基础工艺、关键基础材料的首批次或跨领域应用。组织重点突破，针对重大工程和重点装备的关键技术和产品急需，支持优势企业开展政产学研用联合攻关，突破关键基础材料、核心基础零部件的工程化、产业化瓶颈。强化平台支撑，布局和组建一批“四基”研究中心，创建一批公共服务平台，完善重点产业技术基础体系。到 2020 年，40%的核心基础零部件、关键基础材料实现自主保障，受制于人的局面逐步缓解，航天装备、通信装备、发电与输变电设备、工程机械、轨道交通装备、家用电器等产业急需的核心基础零部件（元器件）和关键基础材料的先进制造工艺得到推广应用。到 2025 年，70%的核心基础零部件、关键基础材料实现自主保障，80 种标志性先进工艺得到推广应用，部分达到国际领先水平，建成较为完善的产业技术基础服务体系，逐步形成整机牵引和基础支撑协调互动的产业创新发展格局。

（4）绿色制造工程

组织实施传统制造业能效提升、清洁生产、节水治污、循环利用等专项技术改造。开展重大节能环保、资源综合利用、再制造、低碳技术产业化示范。实施重点区域、流域、行业清洁生产水平提升计划，扎实推进大气、水、土壤污染源头防治专项。制定绿色产品、绿色工厂、绿色园区、绿色企业标准体系，开展绿色评价。到 2020 年，建成千家绿色示范工厂和百家绿色示范园区，部分重化工行业能源资源消耗出现拐点，重点行业主要污染物排放强度下降 20%。到 2025 年，制造业绿色发展和主要产品单耗达到世界先进水平，绿色制造体系基本建立。

（5）高端装备创新工程

组织实施大型飞机、航空发动机及燃气轮机、民用航天、智能绿色列车、节能与新能源汽车、海洋工程装备及高技术船舶、智能电网成套装备、高档数控机床、核电装备、高端诊疗设备等一批创新和产业化专项、重大工程。开发一批标志性、带动性强的重点产品和重大装备，提升自主设计水平和系统集成能力，突破共性关键技术与工程化、产业化瓶颈，组织开展应用试点和示范，提高创新发展能力和国际竞争力，抢占竞争制高点。到 2020 年，上述领域实现自主研制及应用。到 2025 年，自主知识产权高端装备市场占有率大幅提升，核心技术对外依存度明显下降，基础配套能力显著增强，重要领域装备达到国际领先水平。

2. “中国制造 2025”提出十大重点领域

（1）新一代信息技术产业

① 集成电路及专用装备。着力提升集成电路设计水平，不断丰富知识产权（IP）和设计工具，突破关系国家信息与网络安全及电子整机产业发展的核心通用芯片，提升国产芯片的应用适配能力。掌握高密度封装及三维（3D）微组装技术，提升封装产业和测试的自主发展能力。形成关键制造装备供货能力。

② 信息通信设备。掌握新型计算、高速互联、先进存储、体系化安全保障等核心技术，全面突破第五代移动通信（5G）技术、核心路由交换技术、超高速大容量智能光传输技术、“未来网络”核心技术和体系架构，积极推动量子计算、神经网络等发展。研发高端服务器、大容量存储、新型路由交换、新型智能终端、新一代基站、网络安全等设备，推动核心信息通信设备体系化发展与规模化应用。

③ 操作系统及工业软件。开发安全领域操作系统等工业基础软件。突破智能设计与仿真及其工具、制造物联与服务、工业大数据处理等高端工业软件核心技术，开发自主可控的高端工业平台软件和重点领域应用软件，建立完善工业软件集成标准与安全测评体系。推进自主工业软件体系化发展和产业化应用。

（2）高档数控机床和机器人

① 高档数控机床。开发一批精密、高速、高效、柔性数控机床与基础制造装备及集成制造系统。加快高档数控机床、增材制造等前沿技术和装备的研发。以提升可靠性、精度保持性为重点，开发高档数控系统、伺服电机、轴承、光栅等主要功能部件及关键应用软件，

加快实现产业化。加强用户工艺验证能力建设。

② 机器人。围绕汽车、机械、电子、危险品制造、国防军工、化工、轻工等工业机器人、特种机器人，以及医疗健康、家庭服务、教育娱乐等服务机器人应用需求，积极研发新产品，促进机器人标准化、模块化发展，扩大市场应用。突破机器人本体、减速器、伺服电机、控制器、传感器与驱动器等关键零部件及系统集成设计制造等技术瓶颈。

（3）航空航天装备

① 航空装备。加快大型飞机研制，适时启动宽体客机研制，鼓励国际合作研制重型直升机；推进干支线飞机、直升机、无人机和通用飞机产业化。突破高推重比、先进涡桨（轴）发动机及大涵道比涡扇发动机技术，建立发动机自主发展工业体系。开发先进机载设备及系统，形成自主完整的航空产业链。

② 航天装备。发展新一代运载火箭、重型运载器，提升进入空间能力。加快推进国家民用空间基础设施建设，发展新型卫星等空间平台与有效载荷、空天地宽带互联网系统，形成长期持续稳定的卫星遥感、通信、导航等空间信息服务能力。推动载人航天、月球探测工程，适度发展深空探测。推进航天技术转化与空间技术应用。

（4）海洋工程装备及高技术船舶

大力发展深海探测、资源开发利用、海上作业保障装备及其关键系统和专用设备。推动深海空间站、大型浮式结构物的开发和工程化。形成海洋工程装备综合试验、检测与鉴定能力，提高海洋开发利用水平。突破豪华邮轮设计建造技术，全面提升液化天然气船等高技术船舶国际竞争力，掌握重点配套设备集成化、智能化、模块化设计制造核心技术。

（5）先进轨道交通装备

加快新材料、新技术和新工艺的应用，重点突破体系化安全保障、节能环保、数字化、智能化、网络化技术，研制先进可靠适用的产品和轻量化、模块化、谱系化产品。研发新一代绿色智能、高速重载轨道交通装备系统，围绕系统全寿命周期，向用户提供整体解决方案，建立世界领先的现代轨道交通产业体系。

（6）节能与新能源汽车

继续支持电动汽车、燃料电池汽车发展，掌握汽车低碳化、信息化、智能化核心技术，提升动力电池、驱动电机、高效内燃机、先进变速器、轻量化材料、智能控制等核心技术的工程化和产业化能力，形成从关键零部件到整车的完整工业体系和创新体系，推动自主品牌节能与新能源汽车同国际先进水平接轨。

（7）电力装备

推动大型高效超净排放煤电机组产业化和示范应用，进一步提高超大容量水电机组、核电机组、重型燃气轮机制造水平。推进新能源和可再生能源装备、先进储能装置、智能电网用输变电及用户端设备发展。突破大功率电力电子器件、高温超导材料等关键元器件和材料的制造及应用技术，形成产业化能力。

（8）农机装备

重点发展粮、棉、油、糖等大宗粮食和战略性经济作物育、耕、种、管、收、运、储等主要生产过程所使用的先进农机装备，加快发展大型拖拉机及其复式作业机具、大型高效联合收割机等高端农业装备及关键核心零部件。提高农机装备信息收集、智能决策和精准作业能力，推进形成面向农业生产的信息化整体解决方案。

（9）新材料

以特种金属功能材料、高性能结构材料、功能性高分子材料、特种无机非金属材料和先进复合材料为发展重点，加快研发先进熔炼、凝固成型、气相沉积、型材加工、高效合成等新材料制备关键技术和装备，加强基础研究和体系建设，突破产业化制备瓶颈。积极发展军民共用特种新材料，加快技术双向转移转化，促进新材料产业军民融合发展。高度关注颠覆性新材料对传统材料的影响，做好超导材料、纳米材料、石墨烯、生物基材料等战略前沿材料提前布局和研制。加快基础材料升级换代。

（10）生物医药及高性能医疗器械

发展针对重大疾病的化学药、中药、生物技术药物新产品，重点包括新机制和新靶点化学药、抗体药物、抗体偶联药物、全新结构蛋白及多肽药物、新型疫苗、临床优势突出的创新中药及个性化治疗药物。提高医疗器械的创新能力和产业化水平，重点发展影像设备、医用机器人等高性能诊疗设备，全降解血管支架等高值医用耗材，可穿戴、远程诊疗等移动医疗产品。实现生物 3D 打印、诱导多能干细胞等新技术的突破和应用。

“中国制造 2025”以体现信息技术与制造技术深度融合的数字化网络化智能化制造为主线。主要包括八项战略对策：推行数字化、网络化、智能化制造；提升产品设计能力；完善制造业技术创新体系；强化制造基础；提升产品质量；推行绿色制造；培养具有全球竞争力的企业群体和优势产业：发展现代制造服务业。

5.4.2 智能制造

2015 年 5 月 19 日，国务院印发《中国制造 2025》，部署全面推进实施制造强国战略，而制造技术的智能化改造将是这一战略实现的重要前提条件。如今，智能制造正在世界范围内兴起，它是制造技术与信息技术融合发展的必然，是自动化和集成技术向纵深发展的结果。智能制造无疑为相关产业带来了新的发展机遇。

智能制造的核心是信息技术和制造业的融合创新，重点包括智能仪器仪表与控制系统、关键零部件及通用部件、智能专用装备等。它能实现各种制造过程自动化、智能化、精益化、绿色化，带动装备制造业整体技术水平的提升。

在实现智能制造的过程中，企业是创新的主体，通过信息技术与各产业领域的融合创新，推动以智能制造为代表的技术变革，提升企业创新能力，实现产业结构优化升级。

目前国家为了推进智能制造，各级政府密集出台了很多扶持政策，在这一过程中实现传统制造业的智能化改造要突出重点，选取重点领域集中突破，避免一哄而上。

首先是智能制造的基础性技术，包含新型传感原理和工艺、高精度运动控制、高可靠智能控制、工业通信网络安全、健康维护诊断等。其次是智能测控装置，包含机器人系统、感知系统、智能仪表等。最后是基础工业软件开发。

为了推进智能制造发展，可以综合以上的智能制造相关技术，针对不同行业建立起一系列智能制造示范工厂，为后续企业引入智能制造建立起标杆体系，通过示范效应引领其他企业进入。

在推进智能制造过程中，不但要重视共性需求，也要注意个性化需求，不同的制造业需求重点不同，智能化改造方向也都有所不同。比如工业机器人，由于每家企业生产的产品参数不同，对于工业机器人的要求都有所不同，尤其是当形成自动化生产体系时，这种差异化还会被进一步放大，这就需要工业机器人制造企业不仅要有基础的软硬件开发能力，还需要有定制化开发能力。

当然，智能制造的引入在提升企业运营效率的同时，也带来了一些新的挑战。比如数字化技术的大量进入，使企业的信息安全的风险提升，主要包括黑客攻击、病毒、数据操纵、蠕虫和特洛伊木马等。为了防范信息安全风险，在智能制造引入初期就要引入防范这类风险的软硬件系统，要和整个智能制造体系紧密结合，防止产生信息安全漏洞。

5.5 智能制造发展趋势

智能制造的发展趋势主要体现在以下七个方面：

（1）人工智能技术。因为 IMS 的目标是计算机模拟制造业人类专家的智能活动，从而取代或延伸人的部分脑力劳动，因此人工智能技术成为 IMS 关键技术之一。IMS 与人工智能技术（专家系统、人工神经网络、模糊逻辑）息息相关。

（2）并行工程。针对制造业而言，并行工程是一种重要的技术方法学，应用于 IMS 中，将最大限度地减少产品设计的盲目性和设计的重复性。

（3）信息网络技术。信息网络技术是制造过程的系统和各个环节"智能集成"化的支撑。信息网络同时也是制造信息及知识流动的通道。

（4）虚拟制造技术。虚拟制造技术可以在产品设计阶段就模拟出该产品的整个生命周期，从而更有效、更经济、更灵活地组织生产，实现了产品开发周期最短，产品成本最低，产品质量最优，生产效率最高的保证。同时虚拟制造技术也是并行工程实现的必要前提。

（5）自律能力构筑。即收集和理解环境信息和自身的信息并进行分析判断和规划自身行为的能力。强大的知识库和基于知识的模型是自律能力的基础。

（6）人机一体化。智能制造系统不单单是人工智能系统，而且是人机一体化智能系统，是一种混合智能。想以人工智能全面取代制造过程中人类专家的智能，独立承担分析、判断、决策等任务，目前来说是不现实的。人机一体化突出人在制造系统中的核心地位，同时在智能机器的配合下，更好地发挥人的潜能，达到一种相互协作平等共事的关系，使两者在不同层次上各显其能，相辅相成。

（7）自组织和超柔性。智能制造系统中的各组成单元能够依据工作任务的需要，自行组成一种最佳结构，使其柔性不仅表现在运行方式上，而且表现在结构形式上，所以称这种柔性为超柔性，类似于生物所具有的特征，如同一群人类专家组成的整体。

第 6 章　基于 5G 移动边缘计算创新应用

6.1　引　　言

智慧工厂是 5G 移动边缘计算（MEC）的一个重要应用场景，主要面向工业生产中的智能控制、质量检测、事件识别、辅助生产等环节。其中机器视觉检测识别技术已经广泛应用在工业生产中，但也存在一些“瓶颈”限制了工业制造向智能制造的进一步发展。

青岛海尔联合中国移动、华为、汇萃视觉共同打造“5G+机器视觉”解决方案，如图 6-1 所示。以 5G+MEC 计算能力为网络基础，选取机器视觉作为上层应用，形成端到端的整体解决方案，机器视觉 App 部署到 MEC 平台，实现了云化控制、算法自优化、企业数据不出园区的安全性保障，并突破传统机器视觉的成本高、效率受限和质量不稳定等瓶颈。海尔工业园区 5G 网络的部署实现，提供了大带宽、实时性高的传输路径，保证工业相机、视觉处理器、PLC、机械手具备无线连接需求。算法上云让投资成本大幅节约；高速率、低时延的网络使得检测更灵活，作业效率明显提升；大数据处理与深度学习协同使质量有保障的提升；云化部署让调测、维护、扩展更为便捷，部署时间也大幅缩短。

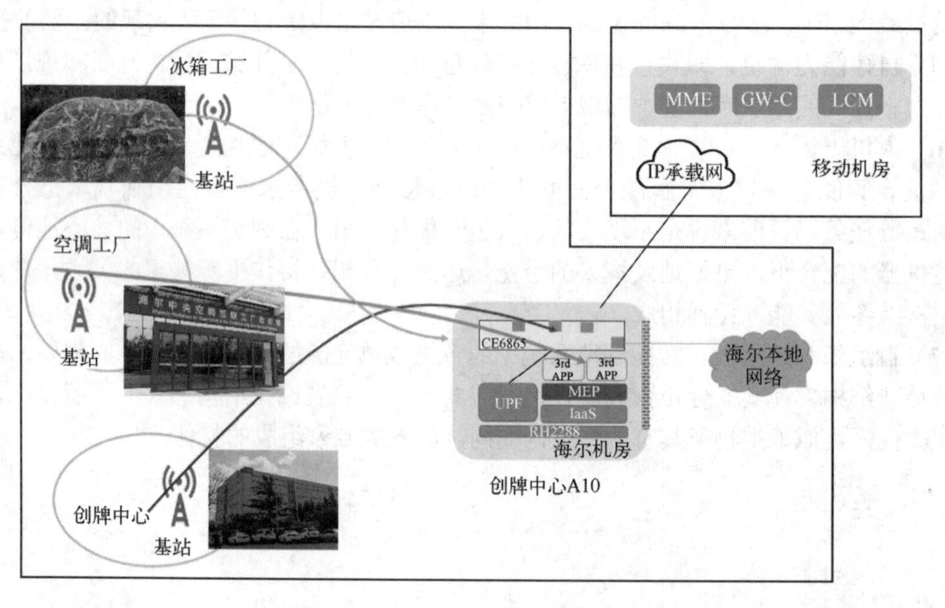

图 6-1　青岛海尔智慧工厂结构示意图

该方案具有以下两大特点：

1．通过覆盖 5G 网络，机器视觉系统实现以移（移动网）代固（有线网）。

将视觉系统单元配置为无线传输，替代传统有线连接方式，图像采集自由分布于多个工位，共享图像处理单元，实现高速、低成本自动化检测生产线。

2．基于 5G 虚拟专网和万物互联部署，机器视觉系统实现实时远程监测功能。

依托 5G 高速率、大连接特性，不用进车间即可通过移动终端和便携终端监视 MES 系统，获取视觉检测系统的运行状态（正常运行时间，有效运行时间，故障原因），生产报表（生产数量，生产良品率），方便工厂设备管理人员、技术人员对视觉检测系统提出参数优化方案（如公差控制，检测关键点控制）、生产设备整改优化方案（如生产设备运行指标优化，工作环境优化）。

6.2 项目整体框架

项目整体框架见图 6-2。本项目中利用 5G 的多连接和高可靠性，各种终端摆脱线缆在任意位置均可以使用。终端收集到的数据通过 5G 的大带宽和低时延快速传输到应用平台，应用平台借助 MEC 的高计算能力快速进行处理，将结果反馈给制造系统。最终完成智能制造的整个流程。

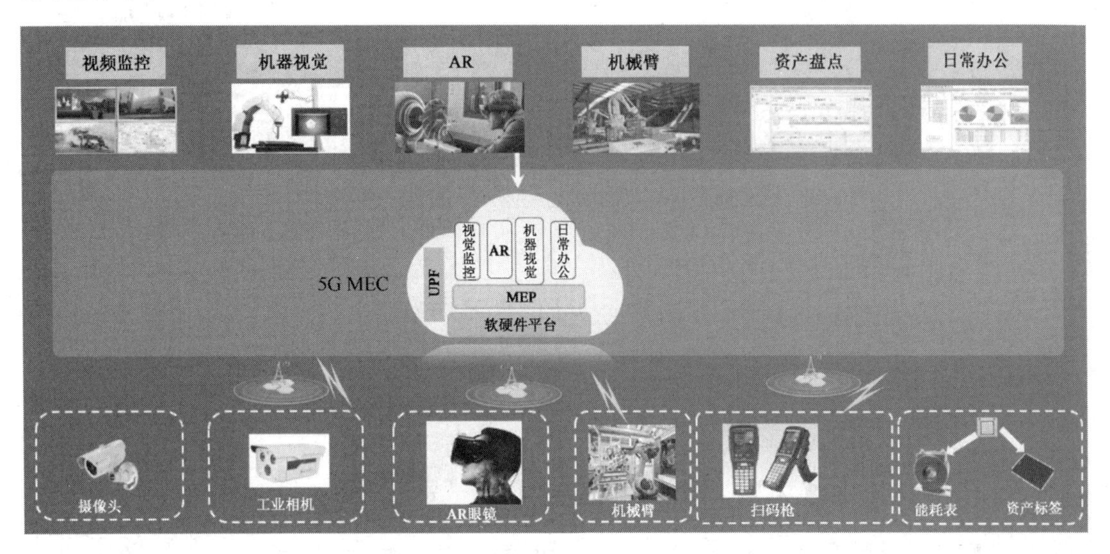

图 6-2　基于 5G MEC 的应用平台整体框架

项目的建设框架如下：

（1）建设一张覆盖整个工厂的 5G 网络，满足生产设备的大连接、广覆盖，实现设备随时随地的移动接入；初期阶段将选取中央空调互联工厂作为落地点，后续逐渐完成全集团厂区覆盖。

（2）利用 MEC 边缘计算平台为车间提供一个数据不出园区虚拟专网，满足生产可靠性要求。

（3）MEC 提供 MEP 开放平台，为车间内各种生产应用提供需要的计算能力。

海尔是集团化运作，整个网络统一进行规划和建设，包括行政中心，分公司、工厂、生产车间、办事处等。集团会根据各自的职能规划和建设满足生产需求的 5G 网络，见图 6-3。

本项目实际落地在距离海尔集团 100 千米以外的黄岛中央空调互联工厂，主要的应用场景是 AR、机器视觉。由于这两个应用场景对网络时延（20ms 以内）和网络带宽（80M）都有明确要求，按照上面的规划，需要在该工厂部署 5G 基础网络和 MEC 边缘计算。AR 应用和机器视觉应用分别部署到 MEC 的 MEP 平台上。AR 终端和机器视觉终端通过 5G 访问工厂本地 MEC 上的 App，对图像和视频进行处理。

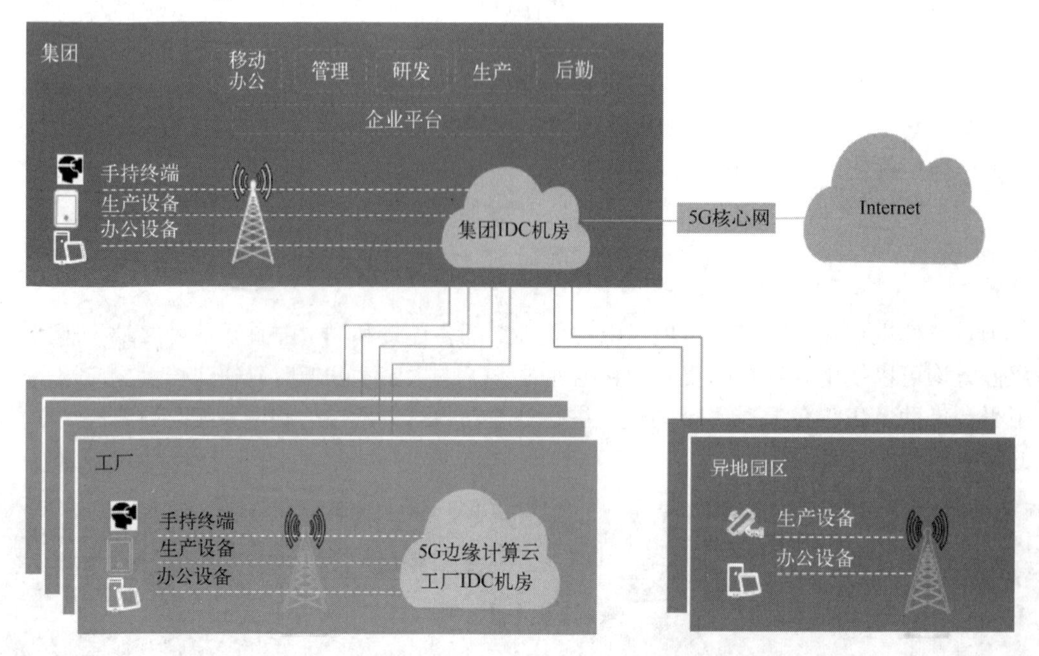

图 6-3　基于集团职能规划和满足生产需求的 5G 网络总体框图

6.3　项目应用层

5G 无线网络有助于满足企业对于移动办公、日常巡检、视频监控、资产盘点等现有业务需求，同时还能满足 AR、机器视觉等创新应用场景的需求。

1．AR 应用设计理念

将 AR 设备信息处理功能上移到云端，AR 设备仅仅具备连接和显示的功能，AR 设备和云端通过 5G 网络连接，见图 6-4。AR 设备将通过网络实时获取必要的信息（例如，生产环境数据、生产设备数据，以及故障处理指导信息）。在这种场景下 AR 眼镜的显示内容必须与 AR 设备中摄像头的运动同步，以避免视觉范围失步现象。通常从视觉移动到 AR 图像反应时间低于 20ms，则会有较好的同步性，所以要求从摄像头传送数据到云端到 AR 显示内容的云端回传需要小于 20ms，除去屏幕刷新和云端处理的

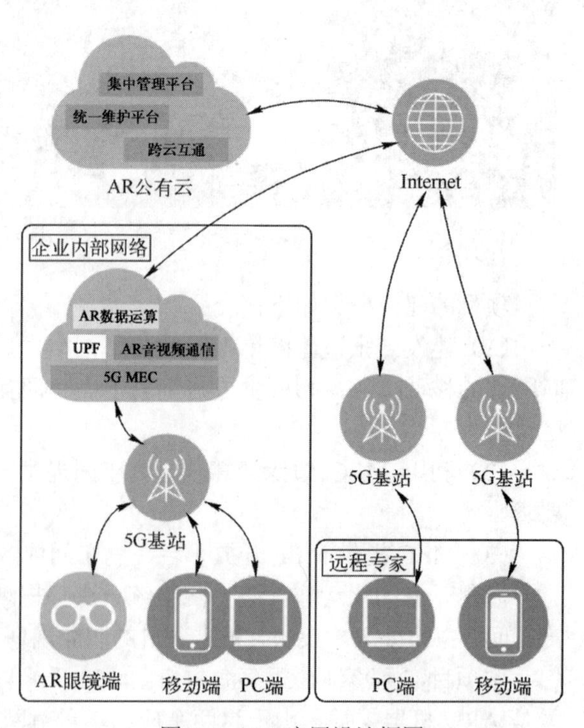

图 6-4　AR 应用设计框图

时延，则需无线网络的双向传输时延在 10ms 内才能满足实时性体验的需求。5G 可以很好地满足上述需求。

2．机器视觉设计理念

为了保证判别结果的准确性和应用的正常运作，整套系统的信号传输是一个关键的因素。通过 5G 网络，机器视觉系统实现以移代固，将视觉系统单元配置为无线传输来替代传统有线连接方式；图像采集自由分布于多个工位且共享图像处理单元，共同实现高速、低成本自动化检测生产线。同时通过 5G + MEC 搭建的“5G 虚拟专用网”将生产过程数据的传输范围控制在企业工厂内，满足生产数据安全性要求，确保了网络安全和生产安全。

基于 5G 虚拟专网和万物互联部署，机器视觉系统可以实现实时远程监测功能。依托 5G 高速率、大连接特性，不用进车间即可通过移动终端和便携终端监视制造企业生产过程执行管理系统（MES），获取视觉检测系统的运行状态，如正常运行时间，有效运行时间，故障原因等。

部署 5G 网络后，高清工业相机和图像处理器可通过高速 5G 通道，实现稳定传输。并将视觉处理后的数据结果返回 5G 网络，传输至自动化控制设备，完成工位预定义功能。5G+MEC 将传统单机视觉检测模式剥离为多个图像采集前端，共享视觉处理单元，实现算法处理层从设备端上升到边缘端，算法处理统一规划到 MEC 当中，可以根据工厂的实际处理量统一配置计算能力。该方案实现设备端轻量化，产线机器视觉应用点只保留工业相机，取消单独的工控机，工厂或园区统一部署 MEC，总体方案降低布线成本、硬件及算力浪费，便于统一运维及算法的更新迭代。

基于 5G 基本网络性能和工业视觉的特性分析，5G +工业视觉的网络架构如图 6-5 所示。该网络架构中的数据流包括视觉数据和控制信令，主要结构包括前端采集部分、控制部分、传输部分（5G 基站和 CPE）和 MEC 部分。主要流程如下：

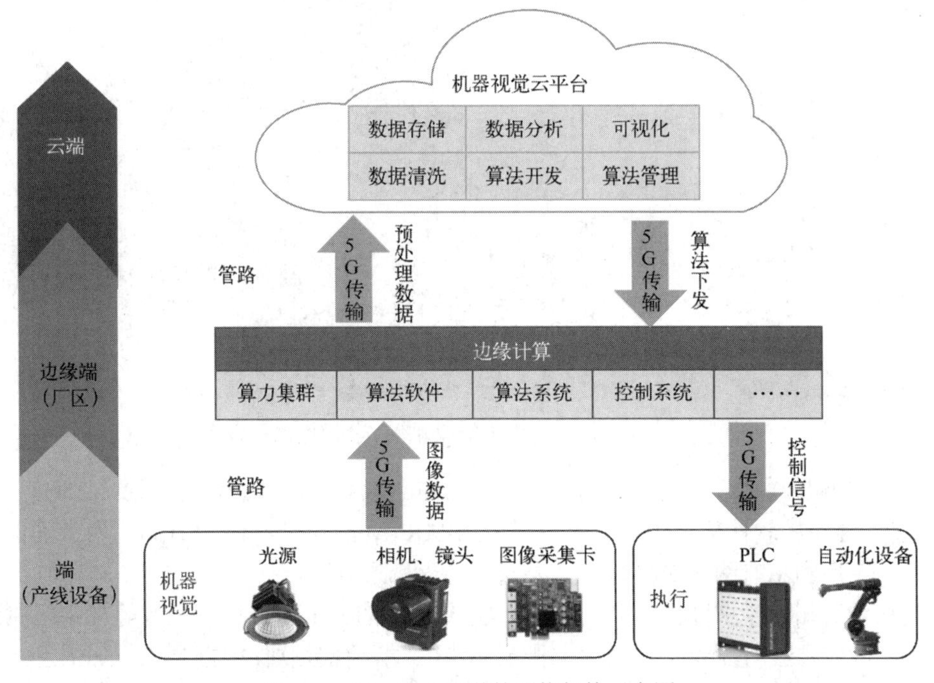

图 6-5　5G +工业视觉的网络架构示意图

- 前端采集部分利用工业相机拍摄工厂车间或生产线上的图像，并依次通过 5G CPE 和 5G 基站传输到边缘云；
- 在边缘云依据图像进行解码、分析并生成控制指令；
- 控制指令通过 5G 网络下发到控制部分，依托 PLC、AGV 和工业机器人实现实时控制。

6.4 项目实施方案

本项目以海尔的黄岛中央空调互联工厂园区为范例进行了网络具体部署，具体方案见图 6-6。本项目通过在园区部署 5G 基站，在工厂车间内部署 5G 室分基站，满足 5G 网络覆盖。针对目前暂无 5G 模组应用到移动终端的情况，先采用现场部署 CPE 的方式替换，通过 CPE 转换成移动终端需要的连接方式。

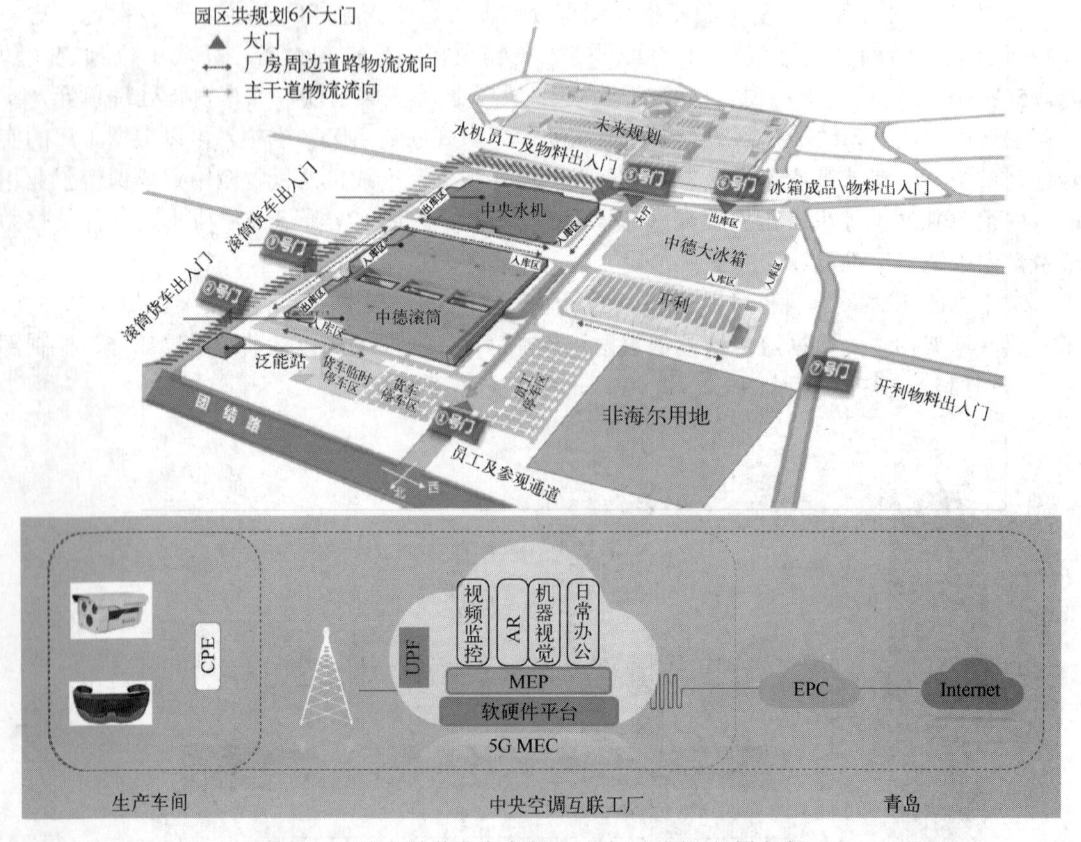

图 6-6　海尔的黄岛中央空调互联工厂园区部署方案

在中央空调互联工厂附近的移动机房部署 MEC 设备，将 MEC 设备接入 5G 基站。在 MEC 设备的 MEP 软件平台中部署第三方应用 AR App 和机器视觉 App。为了确保网络安全，与海尔工厂的私有网络对接时，需要通过防火墙进行隔离。

在黄岛和胶州湾生产园区，利用覆盖 5G 专网，部署工业相机、光源等视觉检测终端，将车间生产线流水线检测点工件照片上传至 MEC 端，视觉软件根据照片附加信息（检测要求），完成对应的图像处理任务，并将处理结果通过 5G 网络传输至对应终端自动化设备，完成定位、分拣、识别工作。实现高速智能自动化生产。

在中央空调互联工厂外观检测工序，布置 4 台 500 万黑白工业相机，与 2 台 CPE 连接，接入 5G 网络，将工位照片上传至 MEC 端，MEC 侧运行搭载尺寸测量，瑕疵检测，部件完整性检测，4 码合 1 检验视觉工具软件。通过 CPE 设备成功将现有工业相机产品与 MEC 端视觉软件链路打通，实现无线高速传输。同时，视觉软件通过网络将 MEC 处理结果反馈至工序自动化端，完成工序指定的外观尺寸是否达标，表面划痕和脏污次品剔除，部件缺失提示，4 码合 1 核对任务，完成全自动化生产检测，提供产品质量合格率。

在检测端完成图像采集硬件部署，包括工业相机，光源安装，参数调整。在相机端标记好本工位检测任务 ID，作为图像附属信息同图片一起上传至 MEC 后端完成基准图像注册；同时，MEC 端根据终端需求，新建多个视觉检测工程，每个工程中加载多个视觉工具，每个视觉检测任务分配唯一的 ID 名称。当被检测物通过传送带到达检测点时，相机及时拍照采集，通过 5G 传输至 MEC 端，其根据收到的图片，解析任务 ID 后，调用对应的检测任务 ID。计算完成后，将携带有输出 ID 的处理结果通过 5G 网络反馈到工序自动化端，完成报文传递。

6.5 项目优势

通过 5G 和 MEC 边缘计算能力为海尔提供一个虚拟无线专网，从车间终端到网络接入、本地园区应用、异地园区应用等可以实现端到端的安全和高可靠性。同时，MEC 平台为 AR/VR、机器视觉等业务场景提供可扩展的计算能力、AI 分析能力等。在不需要增加硬件的情况下，灵活调整各种能力，满足企业应用快速部署。整体项目优势主要体现在下面几点：

（1）网络连接可靠。采用运营商 5G 无线基站覆盖替代 WIFI，信号稳定，空口带宽可根据业务需求设置，移动终端切换基站或网关接入，用户持续在线，业务不中断。

（2）网络体验好。企业业务本地分流至内部服务器，不经过移动核心网，降低传输时延，满足企业人与人、人机之间网络通信低时延、大带宽的业务需求。

（3）安全性高。基于运营商 5G 网络建网，接入、传输均采用标准加密协议，保密性高，企业专网业务与大网传输相隔离，不经过互联网，保证企业数据的安全和专用性。

（4）极简部署。5G MEC 平台满足企业应用快速部署。根据园区的本地应用需求，以往部署一个应用需要添加高性能服务器，部署人工、协调电源、机房等一般要 30～60 天的时间。而采用 5G 网络，仅需要将终端增加 SIM，在 MEC 平台上集成即可。整个部署时间可以压缩到 2 天。

（5）极简运维。生产设备通过 5G 连接，实时监控其运行状态，可远程轻松访问车间产线数据，设备运维状况，原材料品质，产品良品率等，对生产设备可以实现远程集中运维、集中管控，降低服务费用。

（6）AR 应用。AR 应用的人脸、物体等目标识别与检测、模型渲染、3D 数据传输等工作结合 5G 边缘计算（MEC），在保障生产制造安全性的同时，借用边缘计算能力 AR 终端设备计算力加强，使用“AR 工业工具”的工作人员体验得到优化，工作效率得以明显提升，降低了企业的人力成本、资源成本，促进向智能制造的转型升级。①支持多方用户共享第一视角画面，沉浸式的通信体验，如同亲临现场。②首创冻屏指导功能，远程用户可一键暂停通信画面，并对其进行实时标注，指导结果将同步展现在现场用户视野中。③可直接记录、保存现场一手数据，并对任务状态进行实时跟踪，便于信息的管理与追溯。

（7）机器视觉应用。将单机系统分解为分布检测系统，可多个工位远距离共享计算单元，企业安装调试简单，从烦琐的电气布线到无线连接，降低日常维护投入和物理损耗。如当前机械手抓取，一方面在布线距离上有限制，需要使用特殊网线，长时间随动运转后易磨损，更换 1 次至少需要停机 3 小时，而 5G 部署，从视觉部署应用而言，可降低前期投入和运维成本。同时，在工业园区可远程轻松访问车间产线数据，设备运维状况，原材料品质，产品良品率等。工程师可在办公室完成参数配置，工艺参数调整，公差控制。

（8）视觉系统轻量化。从每个检测点需单独配置的视觉处理器，到共享计算平台，总项目的实施成本降低 40%，现有算法库集成了 67 个模块算法，新算法可在云端训练并更新、下发到处理端的算法库，并进行统一运维。

（9）成本节约。以机器视觉为例，海尔有 5 大家电产业，工厂机器视觉应用量大，合计工厂约 100 家，平均每家工厂 4 条总装线，平均每条总装线 5 个机器视觉应用点，每个应用点需要 4～5 个工业相机，至少需要 1 台工控机。按一套工控机（包含视觉处理算法）10 万元，一条相机网线成本 0.02 万元计算，一个工厂的算力、布线成本：4×5×(10+5×0.02)=202 万元，全部工厂的成本：202×100=20200 万元。

通过机器视觉+ 5G + MEC 的处理方式，基于 5G 无线传输取代有线千兆网传输，打破了有线传输有效距离近的限制，为实现算法处理层从设备端上升到边缘端打通了传输路径，算法处理统一规划到 MEC 当中，可以根据工厂实际的处理量统一配置计算能力。该方案实现设备端轻量化，产线机器视觉应用点只保留工业相机，取消单独的工控机，工厂或园区统一部署 MEC，总体方案降低布线成本、硬件及算力浪费，便于统一运维及算法的更新迭代。

6.6 实用效果

5G 网络部署大幅降低了网络建设和维护成本。工厂的厂房大多为钢结构，层高多在 7 米以上，对地面的平整度要求较高。这极大地增加了线缆的布放成本，且后期的调整、维护成本较高。5G 网络能够快速部署，无须在现场、车间、厂房等环境铺设线缆及相关保护装置。使用 5G 网络技术将使工厂内测控系统的安装与维护成本降低 90%。

采用 5G 网络连接提高了生产线的灵活性，实现了现场设备的移动性，提高了生产设备部署的灵活性，可以根据工业生产及应用需求，快速实现生产线的重构，为实现柔性生产线奠定了技术基础。

本方案结合 5G 蜂窝网络和 MEC 本地工业云平台，实现了机器和设备相关生产数据的实时分析处理和本地分流，实现生产自动化，提升生产效率，具有可靠性好、安全性高、时延小、带宽宽等优势。AR 及机器视觉所拍摄的高清图片无须绕经传统核心网，MEC 平台可对采集到的数据进行本地实时处理和反馈，数据在本地完成卸载，减小泄露的可能性，提升对数据的保密性。

智能制造、智慧园区的一些场景要求超低时延，需要本地 5G MEC 来帮助低时延应用场景的孵化。MEC 的应用有助于企业建立自己的区域移动蜂窝网，将私有数据运行在自有移动网络内。

第 7 章　基于 5G 机器视觉实验指导

7.1　基于 5G 的智能制造实验室建设

当前，智能制造已不局限于工业制造自动化的范畴，而是结合了人工智能、大数据、物联网等新一代智能信息技术。随着制造业的发展，智能制造技术日渐成为知识化、自动化、柔性化为一体的、并可实现对市场快速响应的关键技术。在智能制造过程中，机器视觉赋予智能制造过程一双“慧眼”，把客观事物的图像信息进行提取、处理并理解，最终用于实际检测、测量和控制。随着智能化发展的愈演愈烈，机器视觉技术作为当前的热门技术之一，理论支撑完善，现场部署灵活，环境适应强大，已在智能制造领域得到了广泛的应用。而 5G 的横空出世，将颠覆机器视觉的应用部署场景。5G 作为高可靠无线通信技术，一方面为生产制造设备带来无线化的应用场景，使得工厂模块化生产和柔性制造成为可能。另一方面，因为无线网络使得工厂和生产线的建设和改造更加便捷，减少了大量的维护工作，降低了成本。在智能制造生产场景中，需要视觉系统和机器人协同合作来满足柔性生产，这就带来了视觉系统和机器人对云化的需求。依赖于 5G 无线技术的高带宽、低时延以及高可靠性的特点，使得机器人和视觉系统的云化过程实现了可能。和传统的机器人和视觉系统相比，云化设备需要通过网络连接到云端的控制中心，基于超高计算能力的云服务器，可通过大数据和人工智能对生产制造过程进行实时运算控制。通过云技术将大量运算功能和数据存储功能移到云端，使得工业现场的单机离线模式控制变成云端统一部署，化零为整，实现工业互联，并将大大降低机器人和视觉系统等智能设备的硬件成本和功耗。并且基于 5G 的切片技术，为工业应用提供端到端的定制化网络支撑，使得时效性和可靠性进一步得到保证。

工业技术的蓬勃发展离不开基础教育的支撑。在 5G 技术已臻成熟、5G 网络加快建设之际，建立融合了 5G 技术、以机器视觉为主要应用方向的智能制造实验室，是当前高等教育和职业教育院校重要的建设方向之一，也是 5G 落地应用融合与创新在教育行业的着力点之一。打造 5G+智能制造实验室，通过对 5G 技术的学习，以及以机器视觉为主要应用方向的智能制造技术的实训，为工业领域培养更精锐、更多元化的技术人才，进一步推进智能制造向工业互联、人工智能的方向有力推进。

HC-AI-G200 人工智能实验台是一类多元化的创新实验系统，重点突出了智能制造领域应用广泛的机器视觉和工业机器人实训模块，并引入 5G 技术，借助于 5G 技术的高带宽、低时延、多连接特点，可以覆盖多个应用终端，并实现相机图像的实时稳定传输、机械手的远程控制等。借助于 HC-AI-G200 人工智能实验台，学生将逐步掌握机器视觉工业应用解决方案、5G 应用场景解决方案、工业机器人应用技术，以及工业系统集成技术，为学生今后走上工作岗位夯实基础，为智能制造领域培养新型人才。

7.2　5G 网络的基本部署

在 5G+人工智能实验室建设过程中，5G 网络主要涉及 2 个方面的部署，一是将本地设备接入 5G 网络，二是在云服务器端部署图像处理软件和机器人应用软件。本地设备的网络接入通过 5G CPE 模块实现。5G CPE 接收运营商基站发出的 5G 信号，然后转换成 WIFI 信号或通过有线连接方式将本地设备接入到 5G 网络中。相关处理软件在云服务器上的安装与操作与本地使用情况没有区别，本次实验室建设中采用中国移动的云服务器，系统为 windows server 2016，在获知其主机 IP 地址、用户名及密码后，本地 windows 系统通过自带的远程桌面方式即可访问分配的系统资源。

基于 5G 网络架构的 HC-AI-G200 人工智能实验台见图 7-1，系统配置如下：

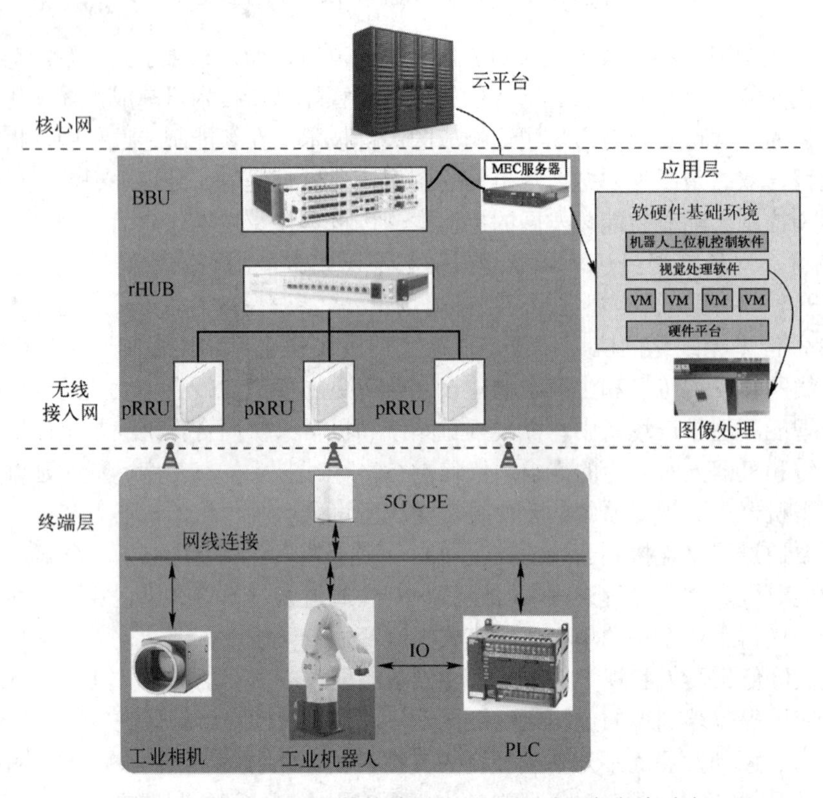

图 7-1　基于 5G 网络架构的 HC-AI-G200 人工智能实验台

1. CPE 5G 网络配置

CPE 插上 5G sim 卡，接上电源，将笔记本电脑通过 WIFI 连入 CPE 局域网，打开浏览器，输入 CPE IP 地址，登入 CPE 的管理控制台，依次定位到“高级设置”→“安全”→“虚拟服务器”，在该栏目下，添加 CPE 到相机、机械臂等终端设备的网络端口映射条目。CPE 虚拟服务器配置如图 7-2 所示。

其中 WAN 口为 CPE 转发口，LAN IP 地址和端口代表的是终端相机、机械臂等设备的 IP 和业务端口。注意相机的数据传输协议基于 UDP 协议开发，机械臂的控制系统网络通信基于 TCP 协议开发，在协议一栏选择对应的网络协议。

2. 工业相机配置

在本地使用笔记本电脑或工控机连接相机，在本地使用相机软件[1]添加远程相机，配置远程相机 IP 如图 7-3 所示：

1　海康威视工业相机，相机软件由海康威视提供；

安全

防火墙

MAC 地址过滤

IP 地址过滤

虚拟服务器

特殊应用程序

DMZ 设置

SIP ALG 设置

UPnP 设置

NAT 设置

域名过滤

静态路由

系统

机械手运动控制服务端口映射信息

相机1端口映射信息

机械手程序下载服务端口映射信息

机械手外部通讯服务端口映射信息

虚拟服务器列表 +

名称	WAN 端口	LAN IP 地址	LAN 端口	协议	状态	操作
50002	50002-50002	192.168.31.20	50002-50002	TCP		
cam1	3956-3956	192.168.31.88	3956-3956	UDP		
50001	50001-50001	192.168.31.20	50001-50001	TCP		
50003	50003-50003	192.168.31.20	50003-50003	TCP		
50004	50004-50004	192.168.31.20	50004-50004	TCP		
50005	50005-50005	192.168.31.20	50005-50005	TCP		
50006	50006-50006	192.168.31.20	50006-50006	TCP		
50007	50007-50007	192.168.31.20	50007-50007	TCP		
50008	50008-50008	192.168.31.20	50008-50008	TCP		
50009	50009-50009	192.168.31.20	50009-50009	TCP		
50000	50000-50000	192.168.31.20	50000-50000	TCP		
1637	1637-1637	192.168.31.20	1637-1637	TCP		
10000	10000-10000	192.168.31.20	10000-10000	TCP		

图 7-2　CPE 虚拟服务器配置

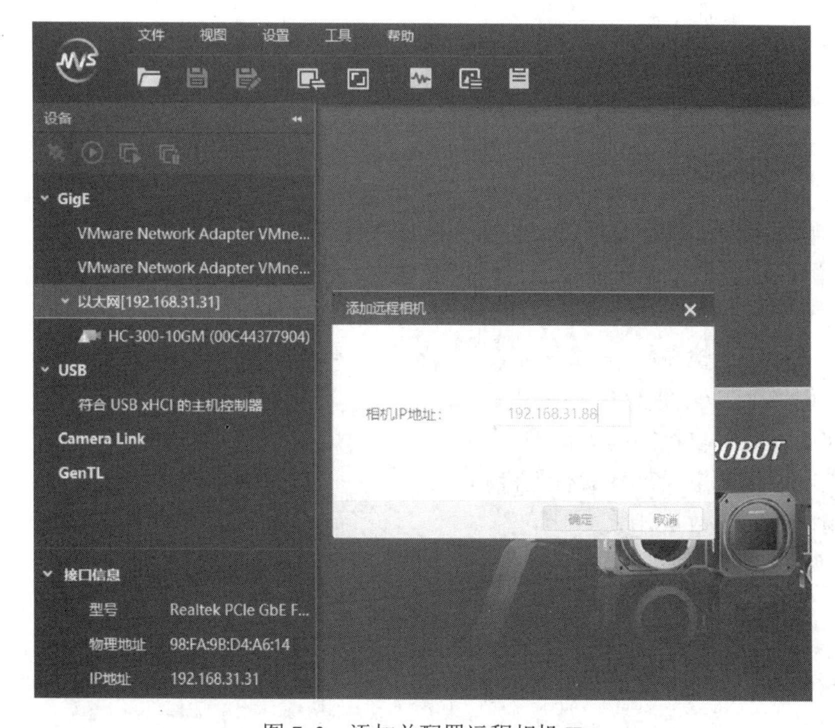

图 7-3　添加并配置远程相机 IP

3. 机械手配置

在本地使用笔记本电脑或工控机连接机械手控制柜，在本地使用机械手控制软件[1]配置其 IP 如图 7-4 所示：

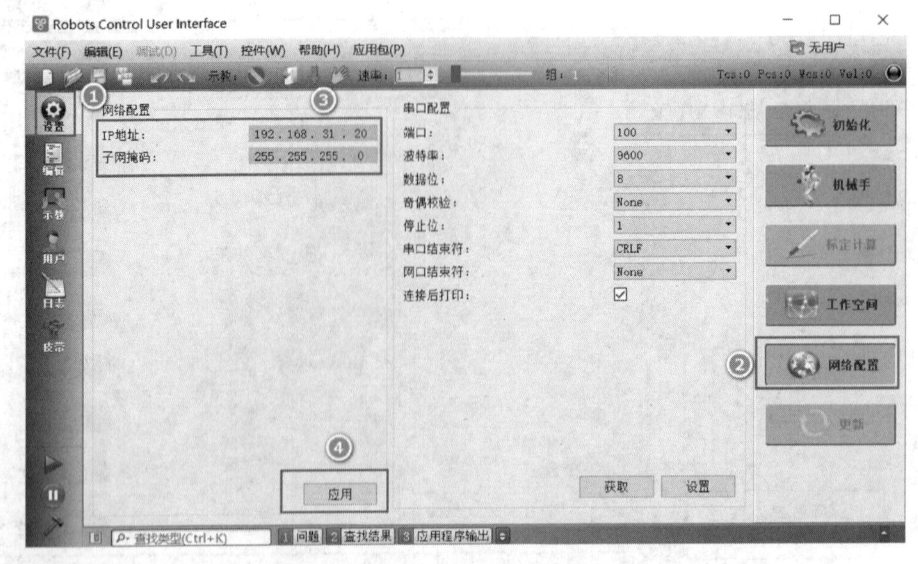

图 7-4　机械手 IP 配置

通过以上配置，安装在服务器端的视觉处理软件和机械手控制软件即可正常访问相机和机械手控制系统，实现无线传输，数据上云。

7.3　基于二值化的有无检测

7.3.1　实验原理

有无检测是指确认数量或工件上的部件及加工等“有无”的检测。是工业生产进货发货时的常规检测，近年来，伴随着工厂自动化的进程，基于视觉的检测系统正在不断被积极应用于工业现场。有无检测中包含了各种有无检测内容，例如下列各项：

- 密封圈的有无检测
- 包装内说明书/附件的有无检测
- 机加工件螺纹攻丝的有无检测
- 印刷电路板上电子部件的有无检测
- 纸箱内的瓶身数量计数
- 药片数量统计

图 7-5 给出了有无检测两个实际案例。

针对这些有无检测需求，基于二值化图像处理方法在实际应用过程中起到了事半功倍的效果。二值化处理是将 256 灰度级的浓淡表示图像，转换为白与黑的 2 灰度级图像。设定合

1　艾派科技六轴机械手，控制软件由艾派科技提供；

适的阈值，超出该阈值的像素点则显示为白色（灰度值为 255），低于阈值的像素点则显示为黑色（灰度值为 0），进而得到只有黑与白的二值图像，如图 7-6 所示。

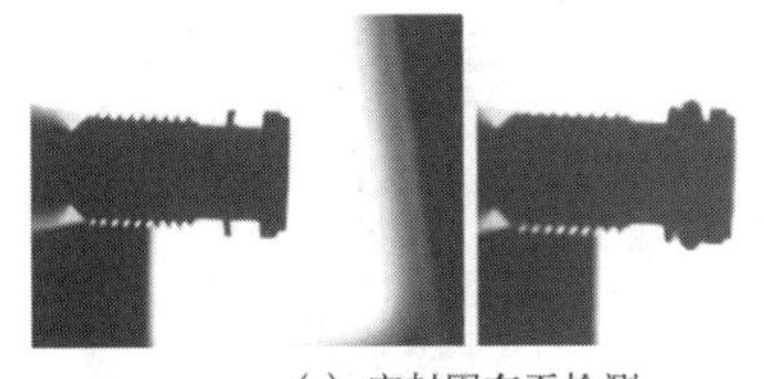

(a) 密封圈有无检测

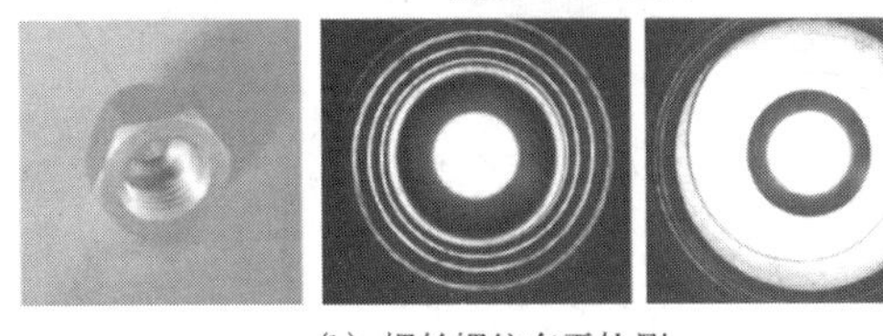

(b) 螺丝螺纹有无检测

图 7-5　有无检测实际案例

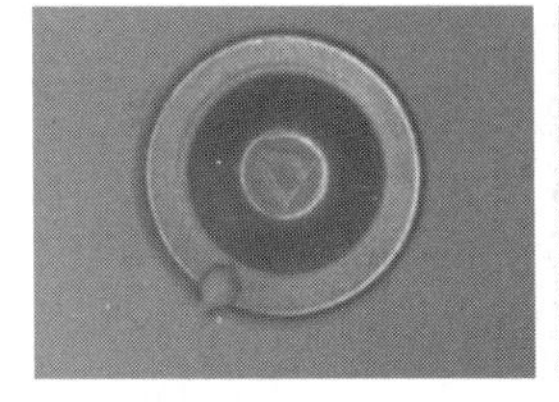

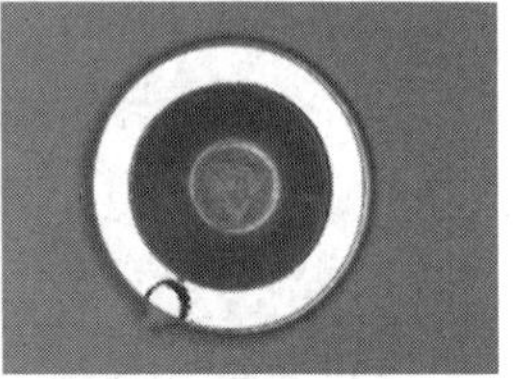

图 7-6　图像二值化

7.3.2　实验内容及步骤

下面模拟在食品、医药等包装行业中，料盒中存在产品的混装、反装或未装的情况，通过使用下面的实验道具，采用视觉软件中的黑白面积检测工具，对物料有无进行检测，整个实验的操作流程如图 7-7 所示。

图 7-7　有无检测操作流程图

具体步骤为：

1．搭建检测环境（见图 7-8）。

（1）安装镜头、相机、光源，并连接相机到 CPE 模块，登入服务器个人账户。

（2）使用 HC-Camera 软件可获取相机的 IP 地址，在 HC-Camera 软件中修改相机 IP 地址，使相机 IP 地址和网卡 IP 地址处于同一网段。

2．调节相机镜头和光源参数，获取清晰图像（见图 7-9）。

（1）开启 HCVisionQuick 软件，点击〈图像采集〉按钮，选择“HikVision”，勾选可使用的相机，获取图像。

（2）将检测对象置于相机正下方，调节镜头光圈，然后调节相机高度和聚焦环，直到软件的图像显示区可以清晰显示检测对象。

（3）点击〈相机设置〉按钮，进入相机参数和光源参数设置界面，设置相机的曝光时间，曝光增益；点击光源 1 的使能按钮，调节光源照明等级，直到采集到高对比度图像。

3．注册基准图像，添加视觉处理工具，设置检测参数（图 7-10）。

（1）点击软件工作界面右下角的〈注册基准图像〉按钮，对当前图像进行注册。

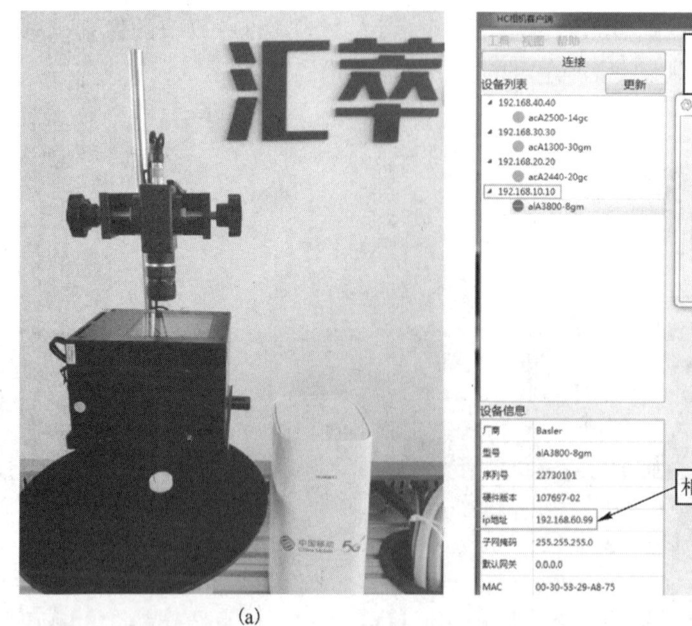

(a)　　　　　　　　　　(b)

图 7-8　相机安装与配置

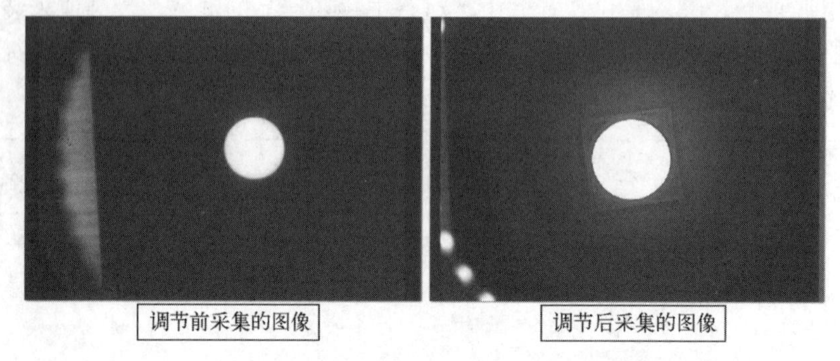

图 7-9　调节前后获取的图像的对比图

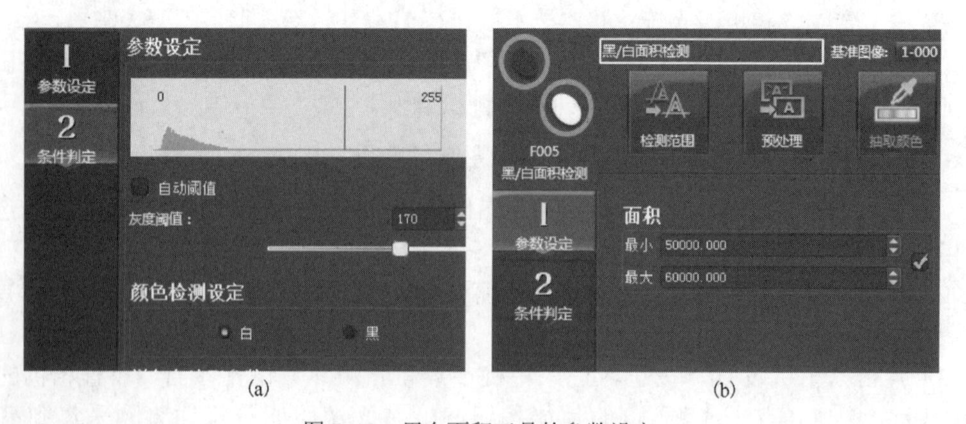

(a)　　　　　　　　　　(b)

图 7-10　黑白面积工具的参数设定

（2）点击工作界面的〈功能追加〉按钮，进入视觉工具选择界面，选择〈检测〉类型下的“黑白面积检测”工具，双击创建该检测工具。

（3）在图像显示区划定检测范围（ROI），覆盖检测对象。

（4）在工作界面右侧的〈参数设定〉栏中选择“颜色检测设定”为“白”，去掉“自动阈值”前的勾选，将“灰度阈值”设置为170。

（5）点击切换设置界面到〈条件判定〉，勾选面积输出选择按钮，合理设置最大最小值；点击“确定”按钮，退出工具参数设置界面。

4．点击〈运行〉按钮，观察判定结果。

（1）点击工作界面左侧的〈运行〉按钮，观测系统的判定结果。

（2）将料盘中的物料移除，再次观测系统的判定结果。

7.3.3 课堂考核

1．简述使用视觉软件打开相机获取图像的步骤。

2．当获取的图像模糊不清时如何处理？当获取的图像偏暗时，又该如何处理？

3．使用黑白面积工具实现有无检测的原理是什么？

4．在〈条件判定〉中设置的最大最小值的依据是什么？

7.4 基于模板匹配的数量统计

7.4.1 实验原理

在智能制造领域，除了用图像二值化+斑点分析的方法对工件进行有无检测和数量统计，基于模板匹配的方法在实际的检测需求中有更广泛的应用。通过提取良品的关键特征，创建模板图像，然后在采集的每幅图像中寻找和模板图像最相似的区域，按照设定条件，统计工件数量。同时，还可输出该区域的位置、角度和相似度等信息，进行后期的应用处理，如图7-11所示。

基于模板匹配的数量统计流程如图7-12所示。

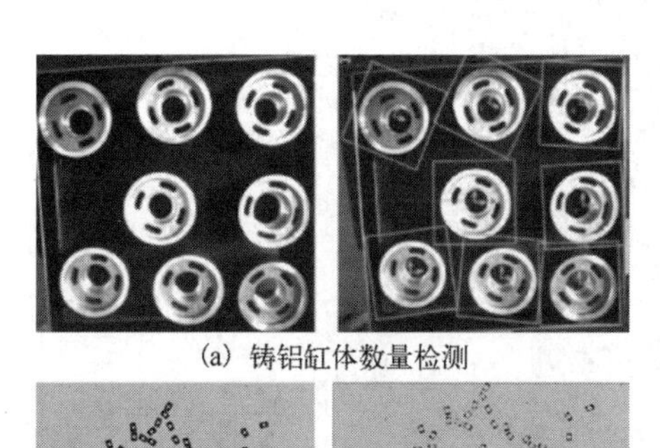

(a) 铸铝缸体数量检测

(b) 微型螺母数量统计

图7-11　轮廓匹配案例

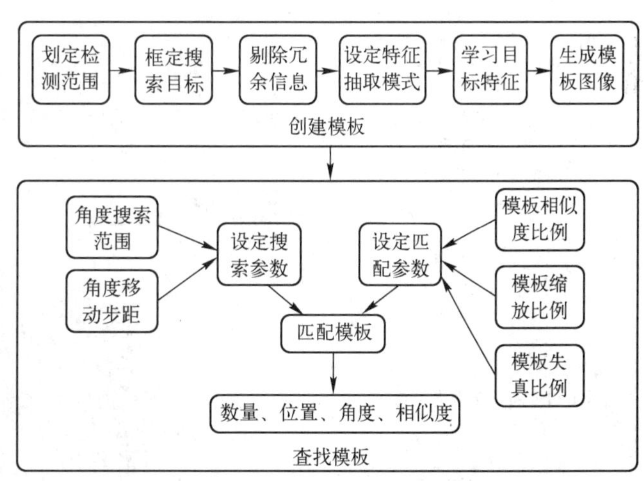

图7-12　基于模板匹配的数量统计流程

7.4.2 实验内容及步骤

检测容器内随机摆放的黑棋数量，实验步骤见表 7-1。问题探讨见图 7-13。

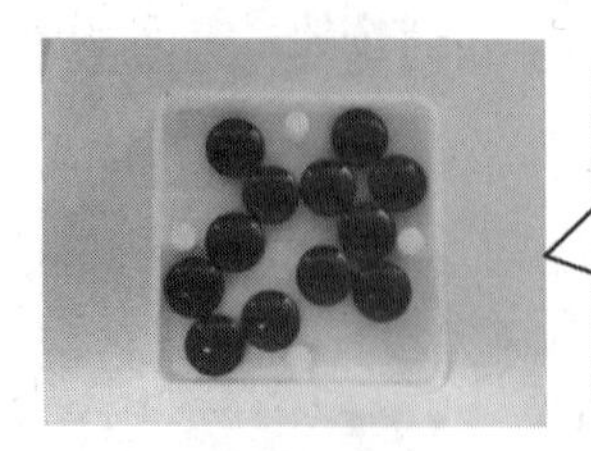

问题探讨

1. 黑棋表面光滑，容易反光，如何选择光源可以减少反光？
2. 随机摆放的黑棋之间可能存在相互紧贴的情况，采用何种视觉工具实现计数？

图 7-13 问题探讨

表 7-1 检测容器内随机摆放的黑棋数量实验步骤

步骤	图示操作	分析与说明
1. 调节光源和相机高度，采集清晰图像		分析 （1）碗光和同轴光尽管光线会相对均匀，但仍旧无法消除黑棋表面的反光 （2）使用阈值分割块状物计数工具无法实现计数，因为极有可能无法将紧邻的黑棋分割出来
2. 点击〈功能追加〉，在〈检测〉功能〈数量检测〉子项下双击〈轮廓计数〉工具		
3. 在图形显示区针对检测对象画定检测范围，点击右侧工具编辑界面下的〈模块学习〉，将绘制学习模板的工具选择为“圆”（默认为矩形，位于图形显示区左上方），并点击“绘制”，然后在图形显示区针对图像中的检测对象进行绘制		说明 （1）〈模板学习〉界面主要用于创建检测对象模板 （2）选择重新绘制模板学习区域时需要点击“绘制”按钮 （3）绘制的图形可以调节位置和大小
4. 得到检测对象的外形轮廓，通过调节边缘阈值参数得到需要的特征信息		说明 （1）绿色圆代表绘制的模板学习区域，在该区域内获取的关键信息将作为检测对象的特征，并创建为模板 （2）蓝色部分为获取到的检测对象的特征，注意到有 3 处信息并不属于检测对象，应该将其剔除

续表

步骤	图示操作	分析与说明
5．勾选〈特征橡皮擦使能〉，调整橡皮擦大小，擦除无关的特征信息	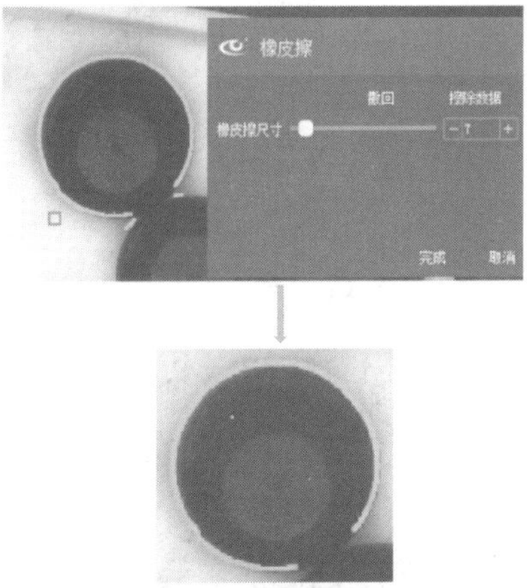	说明 可以观察到，获取的检测对象的轮廓并不完整，但只要信息足够，也能正确找到同类对象而不出错；同理，冗余信息也不一定需要擦除，但会影响检测效率和准确度
6．调整搜索参数，将搜索角度设置为±180°，将缩放比例上下限设置为110%和90%	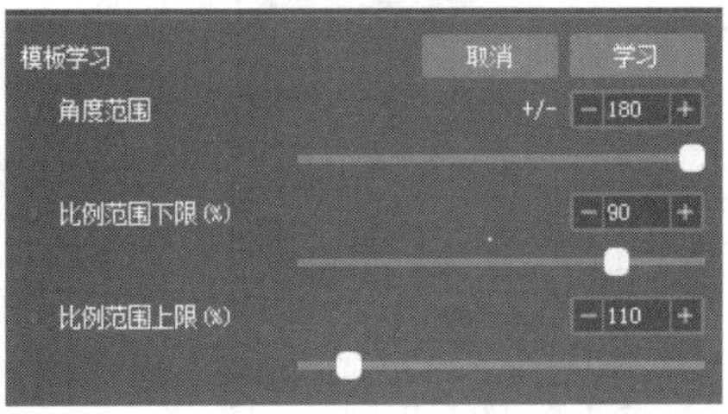	说明 （1）特征信息将会在设定的角度范围进行比对，角度范围设置得越大，搜索的时间越长，被搜索到的概率越大 （2）轮廓信息不可能完全一样，通过设置上下限进行等比例缩放，但条件设置得太低，也有可能出错
7．点击〈学习〉按钮，进入条件设定界面，设置检测个数为30，相似度设置为50%，失真容许度设置为5%，点击〈确定〉，可在主界面右侧看到匹配结果	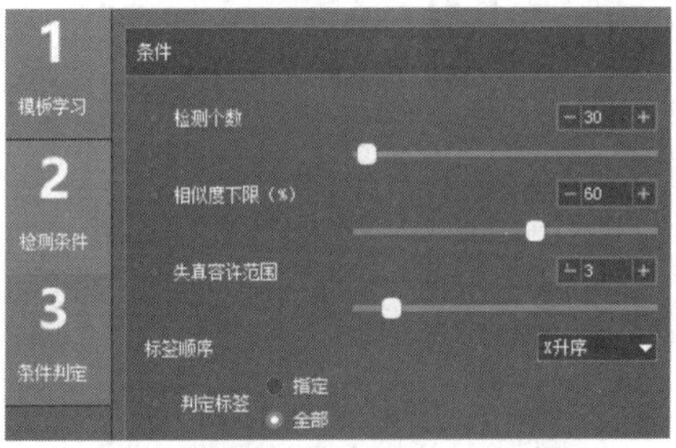	说明  当条件参数设置得尽量宽泛，仍无法匹配到所有对象时（如上图），可尝试采用预处理工具进行前期处理
8．存在没有完全检出的情况，使用预处理工具优化		说明  使用阈值分割后的处理图像

7.4.3 课堂考核

1．基于模板匹配的图形检索，其应用场景有哪些？

2．轮廓计数工具的实现流程是怎样的？它与块状物计数工具的主要区别是什么？

3．调节轮廓计数工具的关键参数有哪些？会带来哪些影响？

7.5 缺陷检测

7.5.1 实验原理

产品的缺陷检测是工业领域机器视觉技术主要的应用场景，针对工件表面的斑点、凹坑、划痕、色差、缺损等，按照技术指标进行机器视觉自动检测，可大大提高生产效率。毛刺和瑕疵作为工业生产中比较典型的缺陷类型，以密封圈和瓶盖表面瑕疵为例，结合人工智能实验台，进行原理和方法说明，见图 7-14。

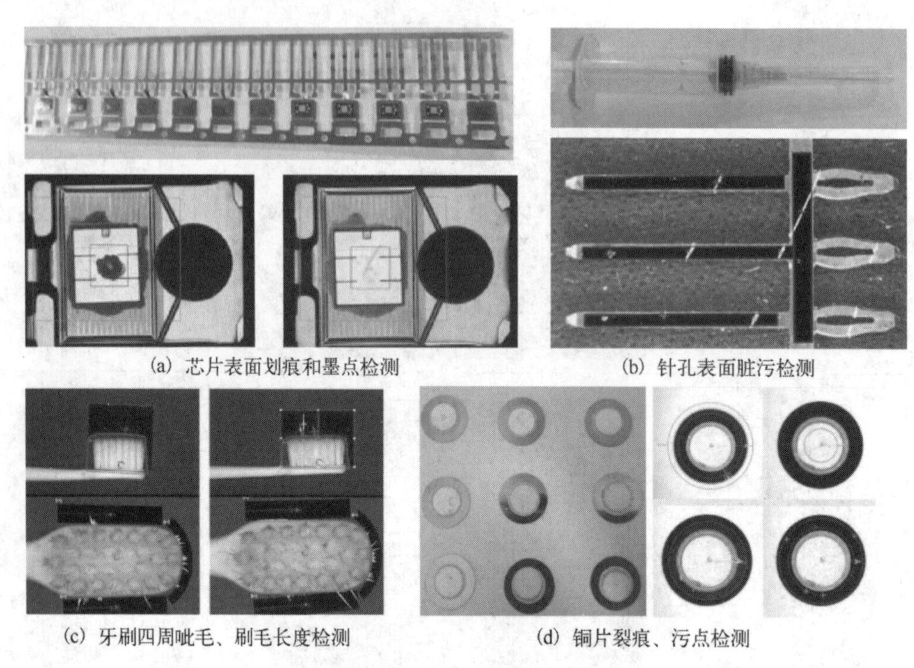
(a) 芯片表面划痕和墨点检测　(b) 针孔表面脏污检测

(c) 牙刷四周呲毛、刷毛长度检测　(d) 铜片裂痕、污点检测

图 7-14　外观缺陷检测

毛刺是工件加工过程中边缘部位产生的刺状物，它会影响产品的外观甚至性能，需要对其进行检测。工件的轮廓可能是直线，也可能是曲线，但良品的边缘都是平滑的，在图像处理中可以使用直线或曲线去拟合边缘点群，几乎可以覆盖所有的边缘点；对于那些不在曲线上的边缘点，如果它们与曲线的距离在阈值范围之内，那么也是正常的，而超出阈值之外的，则会被判定为毛刺。毛刺检测的一般步骤如图 7-15 所示。

图 7-15　毛刺检测一般步骤

图 7-16（a）展示了 O 型密封圈的毛刺检测效果，通过检测范围内搜索出的边缘点集合进行圆拟合，并将拟合的圆作为基准模型，通过计算所有边缘点到圆的距离作为判定此段区间是否为毛刺的一个条件，这样，图 7-16（a）中周围处将会判定为毛刺。图 7-16（b）对

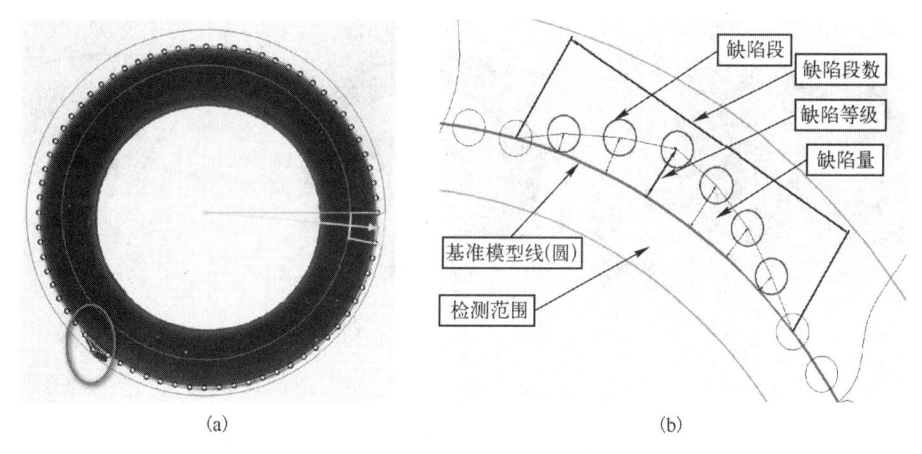

图 7-16　O 型密封圈缺陷检测及缺陷局部放大图

毛刺进行了放大。表 7-2 对毛刺判定参数进行了说明。

表 7-2　毛刺判定参数说明

判定条件	参数说明
缺陷段数	所有不满足设定阈值的段区间总数
缺陷等级	偏离基准模型线的最大像素距离
缺陷量	缺陷部分所有段区间偏离基准模型线的像素距离总和
检测阈值	缺陷段的判定标准，以像素距离计算

瑕疵检测方法见图 7-17。瑕疵是指工件表面上的划痕或形体上的缺损。基于黑白面积进行缺陷检测是最常规的方法，另一种方法是基于区间灰度差进行检测。通常，脏污或瑕疵是一小块像素点组成的区域，这块区域像素的平均灰度值与周围灰度存在差异，以瑕疵区域作为段区间大小，与周围同大小区域进行灰度均值比较，当最大灰度差异超过阈值（缺陷等级）时即可判定为瑕疵缺陷。

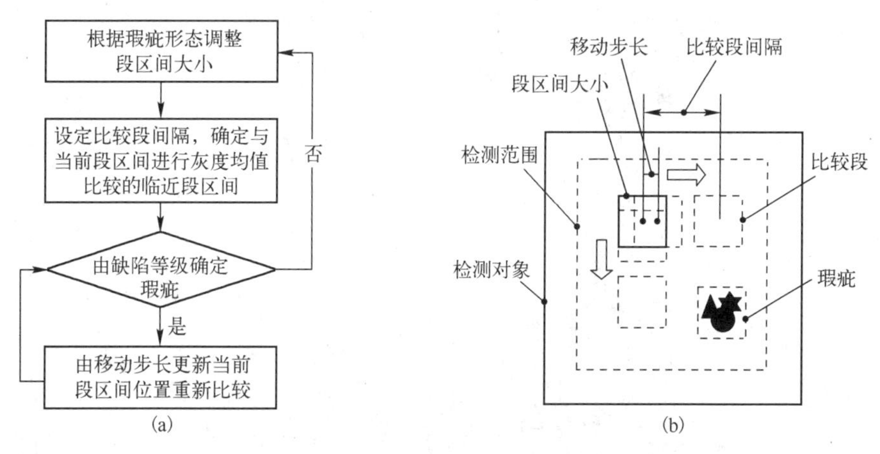

图 7-17　瑕疵检测方法

7.5.2　实验一：O 型密封圈毛刺检测

对 O 型密封圈进行边缘毛刺检测（图 7-18）。步骤为：

（1）使用背光照明，采集 O 型密封圈图像（图 7-19）；

图 7-18　O 型密封圈

图 7-19　背光下的 O 型密封圈成像

（2）点击〈功能追加〉，在〈检测〉功能〈缺陷检测〉子项下添加〈圆形曲线上毛刺〉工具（图 7-20），使用圆环方式划定检测范围（图 7-21）；

图 7-20　缺陷检测工具添加路径

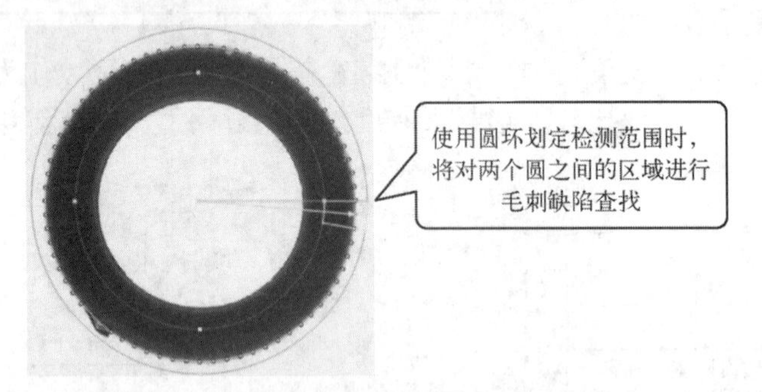

图 7-21　检测范围（圆环）

（3）设置检测条件（图 7-22），即对边缘点搜寻参数进行调节，将最大段数调高到 200，段大小和移动量分别设置为 6 和 3；

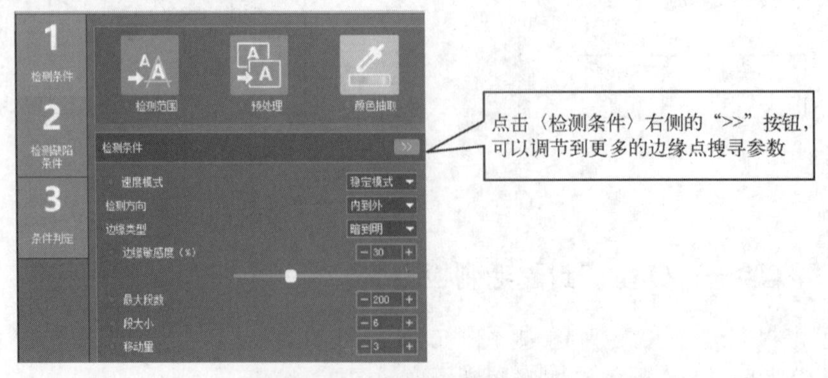

图 7-22　设置检测条件参数

（4）拟合模型基准线，设置检测缺陷条件，即对将检测对象判定为缺陷的影响参数进行调节；图 7-23 为缺陷条件参数设置界面，表 7-3 对比了设置条件不同出现的不同结果。

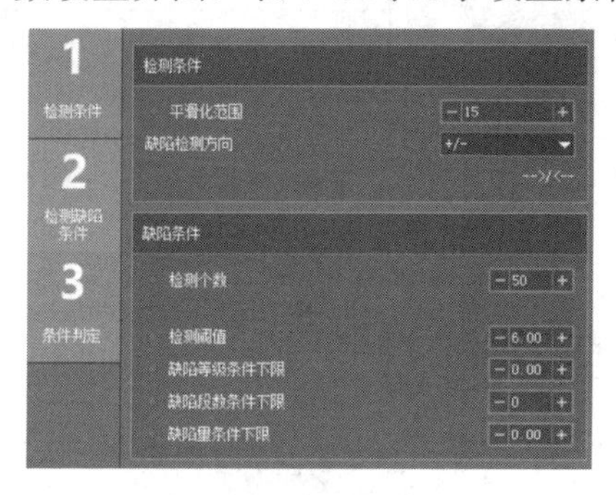

图 7-23　设置检测缺陷条件参数

表 7-3　不同检测参数设置结果对比

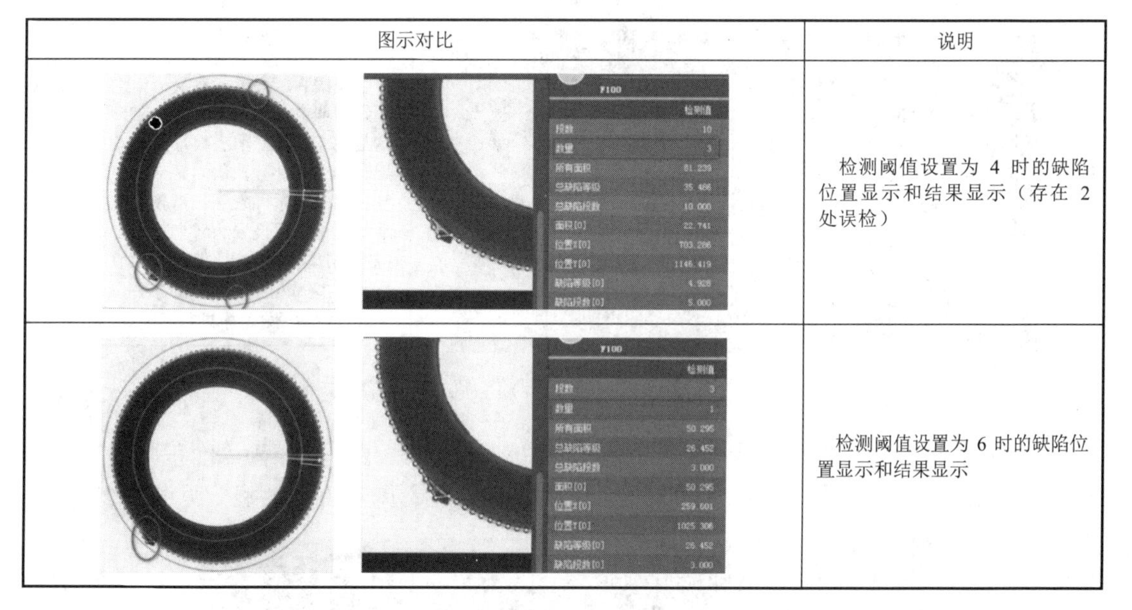

图示对比	说明
	检测阈值设置为 4 时的缺陷位置显示和结果显示（存在 2 处误检）
	检测阈值设置为 6 时的缺陷位置显示和结果显示

7.5.3　实验二：瓶盖划痕瑕疵检测

对瓶盖表面进行瑕疵检测（不考虑边缘位置）（图 7-24）

图 7-24　瓶盖

（1）采用同轴光照明，采集瓶盖图像，见图 7-25；

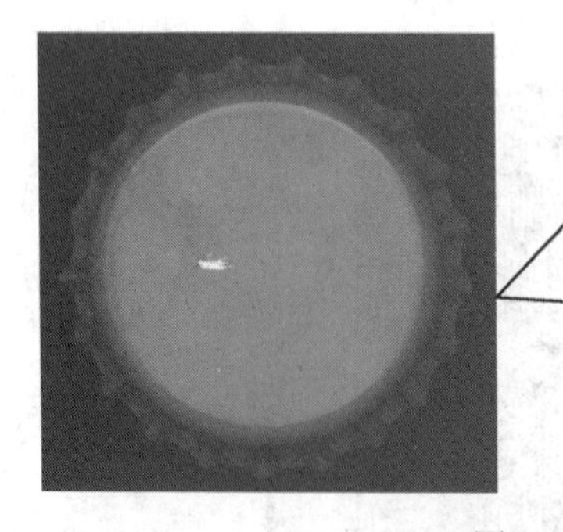

1．针对物体表面缺陷检测进行照明方案设计是一项有挑战性的工作，因为照明效果受物体的表面材质和形态影响较大，有时很难得到一幅高对比度的图像
2．瑕疵工具基于的是灰度值对比，务必要保证照明均匀
3．中心区域的划痕为瑕疵，但周围和边缘也存在一些白点

图 7-25　瓶盖灰度图像

（2）点击〈功能追加〉，在〈检测〉功能〈缺陷检测〉子项下添加〈瑕疵〉工具，使用圆方式划定检测范围，在默认参数下进行检测，结果见图 7-26；

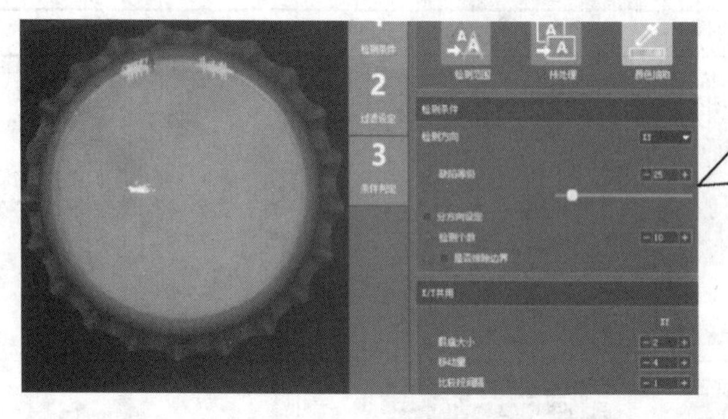

可以观察到，在默认参数下，监测到的瑕疵全部处于边缘位置，这是因为检测的瑕疵数量上限设置为10个，并且默认的显示次序受〈过滤设定〉限制；当我们把瑕疵数量上限设置为50个时，可以看到所有的瑕疵；但实际的瑕疵只有1个，正确的设置方法应该在〈过滤设定〉中进行

图 7-26　默认参数下的瑕疵显示

（3）点击右侧的〈过滤设定〉，在〈选项〉中将〈标签顺序〉选择为“面积降序”，这样，搜寻到的瑕疵将按照面积从大到小次序进行排序，并显示前 10 个瑕疵，见图 7-27；

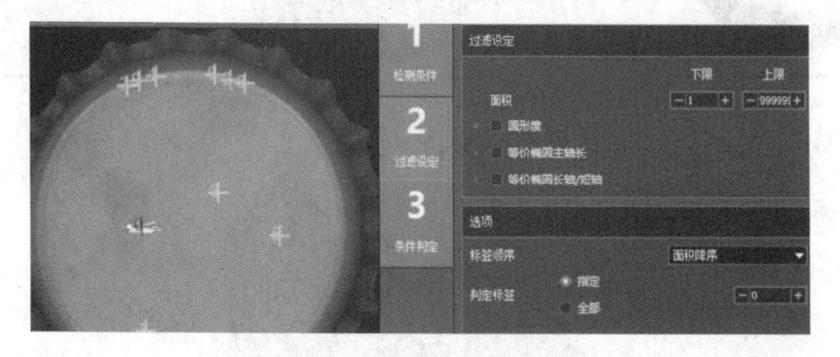

图 7-27　调整瑕疵标签显示次序

（4）回到〈检测条件〉设定界面，勾选〈是否排除边界〉选项，排除掉边缘干扰，见图 7-28；

（5）设定缺陷等级为 40，排除掉灰度对比度不高的误检区域，见图 7-29；

（6）在〈过滤设定〉界面将面积下限设置为 100，排除伪缺陷，见图 7-30；

（7）点击“确定”，获取最终的缺陷信息，见图 7-31；

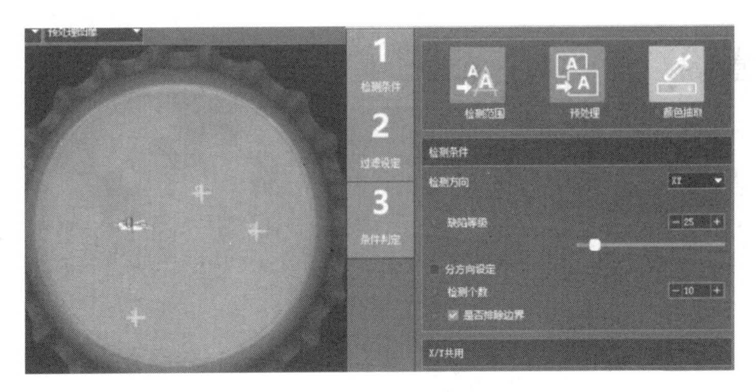

图 7-28　排除边缘位置对瑕疵判定的干扰

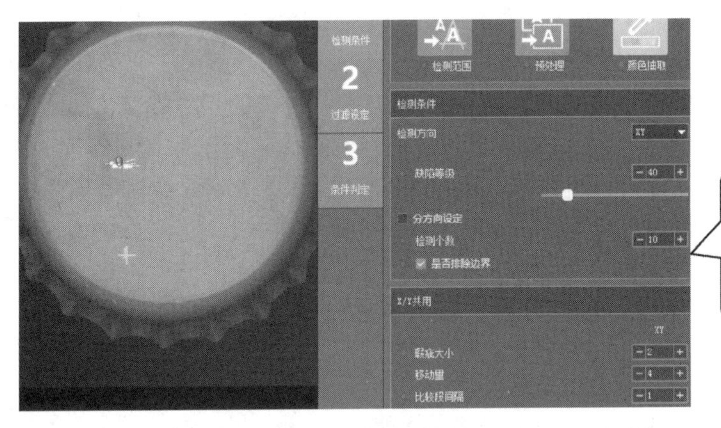

此时，检测出2处瑕疵；如果不想将面积较小的区域作为瑕疵，该怎么设置呢？

图 7-29　设置缺陷等级，提高瑕疵门限

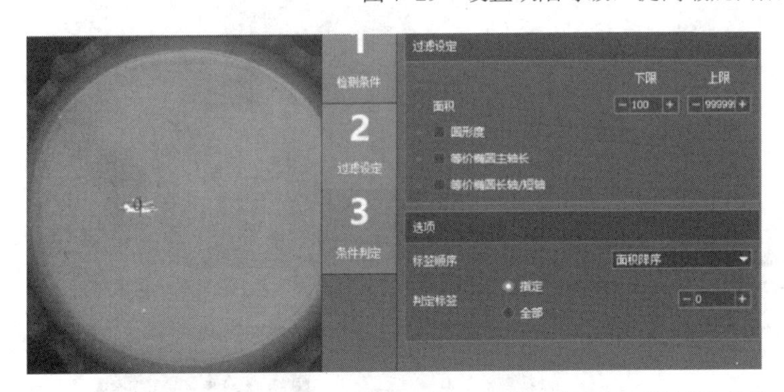

0处和1处的瑕疵，存在两方面的不同：瑕疵大小（面积）和灰度；在瑕疵大小方面，除了直接设置面积过滤条件外，还可以通过设置瑕疵大小排除1处瑕疵；灰度方面，继续提高缺陷等级也能排除掉1处的瑕疵

图 7-30　设置瑕疵面积下限过滤条件

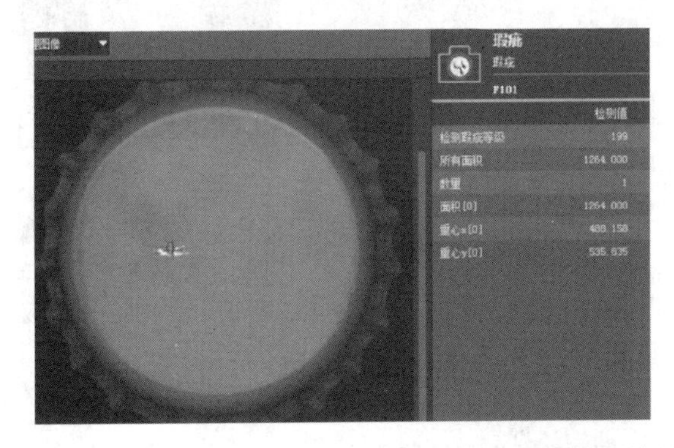

缺陷的3个信息：

- 缺陷等级
- 缺陷面积
- 缺陷位置

可以通过这些结果反过来优化参数的设置，以及在条件判定中合理的设置阈值区间；

图 7-31　瑕疵检测结果显示

7.5.4　课堂考核

1．在 O 型密封圈的毛刺检测过程中，将检测阈值设置为 1，请设置其他参数过滤掉伪毛刺；

2．针对瓶盖的瑕疵检测，请使用其他光源照明，对比图像采集效果；

3．结合瓶盖的瑕疵检测过程，简述瑕疵检测流程，并说明关键参数设置的依据条件。

7.6　尺 寸 测 量

7.6.1　实验原理

尺寸检测在工业加工/组装工序中有着广泛的应用需求，传统的尺寸检测方式借助于千分尺、游标卡尺等工具进行测量，受个体和测量条件的影响较大，无法保证一致性。采用视觉系统进行尺寸测量，稳定性高，一致性好，还能快速检测，提高效率，已在多个行业得到了广泛应用，例如：

- 机械行业对冲压件的尺寸测量，如图 7-32（a）所示。
- 医药行业对于瓶装药液的液位高度测量，如图 7-32（b）所示。
- 注塑行业对于吹塑瓶瓶身各段的尺寸测量，如图 7-32（c）所示。
- 铸造行业螺母孔径的测量，如图 7-32（d）所示。

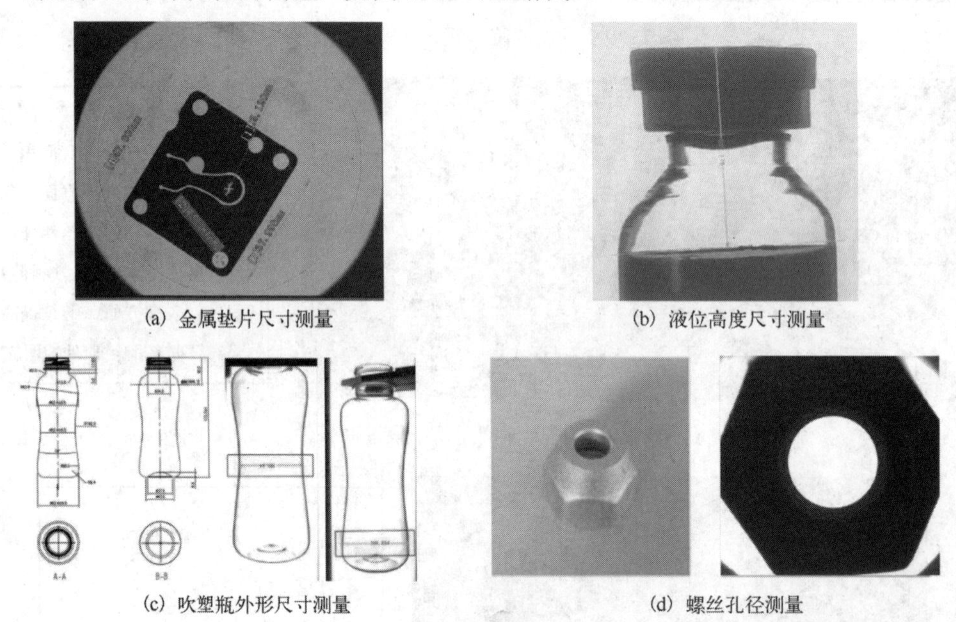

(a) 金属垫片尺寸测量　(b) 液位高度尺寸测量

(c) 吹塑瓶外形尺寸测量　(d) 螺丝孔径测量

图 7-32　视觉尺寸测量应用案例

尺寸测量关键操作包括：提取边缘点，拟合基准线；相机的畸变矫正；为了提取感兴趣物体或区域，需要对图像进行分割，典型的分割方法是以灰度突变为基础的分割，如图像的边缘。在工程应用中，图像处理速度影响着生产效率，通过采用一定的搜索策略，能够高效提取边缘。结合图 7-33 所示示意图，边缘提取的策略包括如下几个步骤：

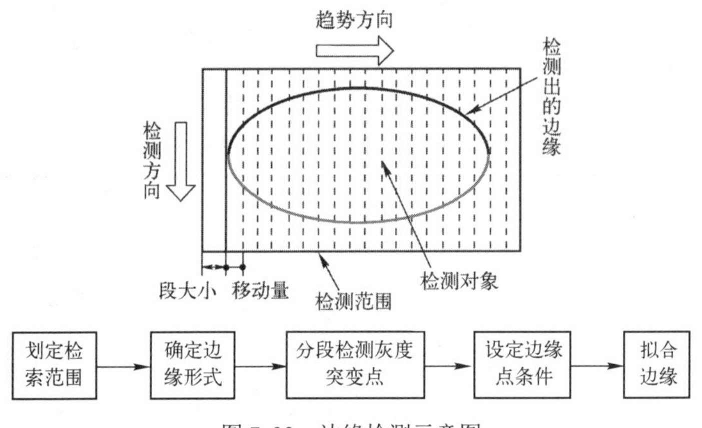

图 7-33 边缘检测示意图

边缘提取是尺寸测量的基础。通过获取的边缘信息，拟合出数学意义上的线圆等特征，进而实现尺寸计算。尺寸测量的要求一般是较高的，而由于成像系统中镜头引入的畸变，将会导致所成图像的失真，进而影响到光学测量的精确度，所以一般需要引入相机畸变矫正模型，对图像进行矫正（见图 7-34）。另一种解决方式是，从成像系统入手，采用远心镜头，从物理成像上就获得小畸变的图像，并且，远心镜头不存在透视误差，所成像没有“近大远小”的现象（见图 7-35）。

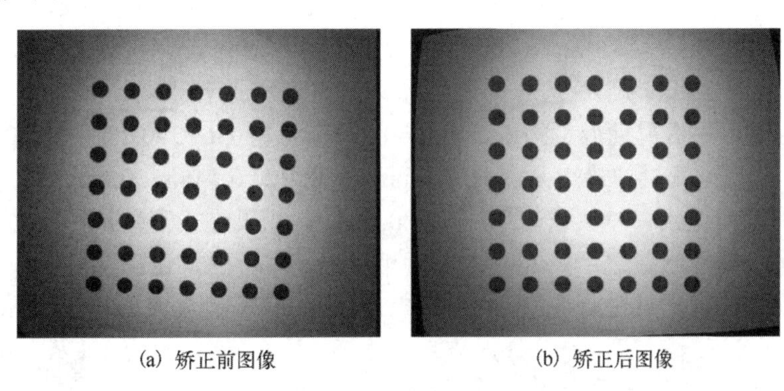

(a) 矫正前图像　　(b) 矫正后图像

图 7-34 相机畸变矫正

图 7-35 普通镜头和远心镜头成像对比

光学尺寸测量在实际应用中需要针对测量对象的尺寸和公差范围确定相机分辨率，还需要根据实际的安装高度确定镜头类型，确保成像系统能够完全满足测量的应用要求。通常应了解常用工业相机与工件尺寸对应的“像素分辨率”，即“感光元件中的 1 像素相当于多少 mm”，便于工业应用中的相机选型。

像素分辨率=拍摄视野[mm]（单方向最大尺寸）÷感光元件的 Y 方向像素数[像素]

像素分辨率参考表见表 7-4。

表 7-4　像素分辨率参考表

		工件尺寸（单方向最大尺寸）							
Senor 尺寸	相机像素（万）	1mm	5mm	10mm	20mm	30mm	50mm	100mm	200mm
640×480	30	0.002	0.01	0.021	0.042	0.063	0.104	0.208	0.417
1920×1080	200	0.0009	0.0046	0.009	0.0185		0.0463	0.0926	0.185
2592×1944	500	0.0005	0.0003	0.005	0.01	0.015	0.026	0.05	0.103
4024×3036	1200	0.0003	0.002	0.003	0.007	0.01	0.016	0.033	0.066
6576×4384	2900	0.0002	0.001	0.002	0.0046	0.007	0.0114	0.023	0.0456

注：考虑到在实际成像中工件不能恰好完全覆盖整个视野，在计算中取相机像素少的 Y 方向像素参与运算。

工件的尺寸公差决定了产品是否合格。为了确保测量的稳定性和准确性，通常以±5 像素的像素公差作为判定标准。

视觉测量的最小公差=像素分辨率×5

如果视觉测量的最小公差小于工件要求公差，那么视觉系统的设计可行。

例如，对于手机保护膜膜片的尺寸测量，其尺寸为 121.8mm×68.5cm，要求公差为±0.2mm，根据像素分辨率参考表，1200 万像素相机和 2900 万像素相机都有满足需求的可能。针对具体的 121.8mm 的膜片尺寸，按照计算公式，分别计算：

1200 万像素相机视觉测量的最小公差=121.8mm÷3036×5=0.2006mm>0.2mm

视觉测量的最小公差=121.8mm÷4384×5=0.14mm<0.2mm

按照±5 像素的像素公差要求，选用 2900 万像素相机进行测量是可行的。从经济层面考虑，降低像素公差要求，选用 1200 万像素相机也是可行的，这需要权衡成本与准确度之间的关系，从现实需求出发进行选型。

7.6.2　实验内容及步骤

实现图 7-36 所示塑料工艺品的矩阵阵列间距测量，工艺品整体尺寸为 40mm×40mm，间距公差为±0.15mm。

图 7-36

（1）硬件选型

① 结合像素分辨率参考表，初步选定 200 万和 500 万像素相机参与计算：

200 万像素相机最小公差=40mm÷1080×5=0.185mm>0.15mm

500 万像素相机最小公差=40mm÷1944×5=0.103mm<0.15mm

选择 500 万像素相机进行尺寸测量。

② 对于这种非透明的工件，选择背光源进行打光；

③ 考虑安装距离和成本，选择焦距 25mm、500 万定焦镜头。

（2）相机矫正

相机矫正操作步骤见表 7-5。

表 7-5　相机矫正操作步骤

操作步骤	操作图示	结果展示
1. 使用 7 行 7 列的点阵标定板进行相机矫正，点距为 4mm，相机采集图像后，进入〈相机设置〉菜单；在〈相机〉子菜单下，勾选〈相机矫正〉，点击“设置”	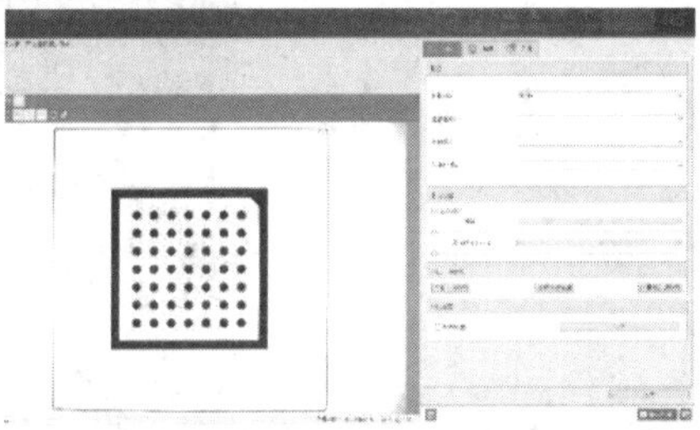	
2. 在子框中，〈标定方式〉选择“自动标定”，〈图像类型〉选择“点阵”，然后点击“检测点”按钮；点阵标定板上的黑点将会全部被找到，标定完成	标定方式 自动标定（单图） 手动标定（用于红外相机） 多幅图像 检测点 图像类型 检测点 显示行列号 添加拓展点 棋盘格 棋盘格 点阵	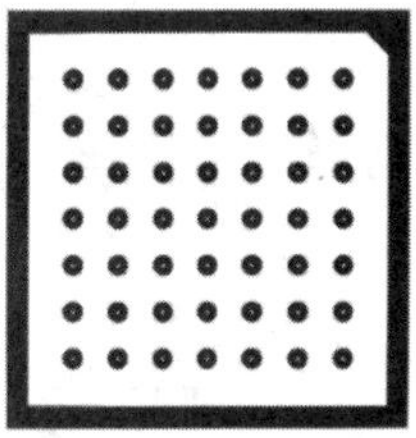
3. 在子框中，点击〈执行图像矫正〉，之后采集的图像将会进行矫正	图像校正 状态 校正误差（像素） 如果失败 0.037 ?	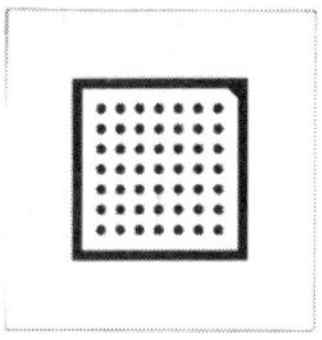
4. 填入实际的点距值，完成像素距离到物理距离的比例换算	放大系数 模板间隔 4.000 mm 比例系数（当前值） 0.017934 mm/pix 重计算	

（3）视觉工具测量

具体操作步骤见表 7-6。

表 7-6　视觉工具测量操作步骤

操作步骤	操作图示
1. 将工件置于相机下，调节光源亮度，采集物体图像	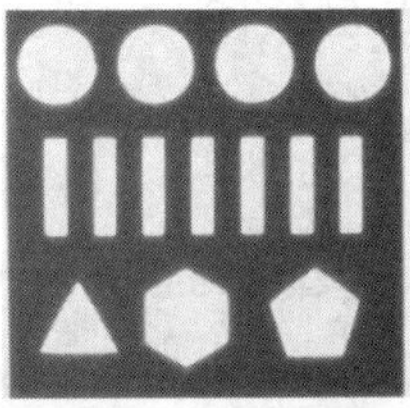
2. 点击〈功能追加〉，在〈测量〉功能〈宽度测量〉子项下选择〈中心节距〉工具	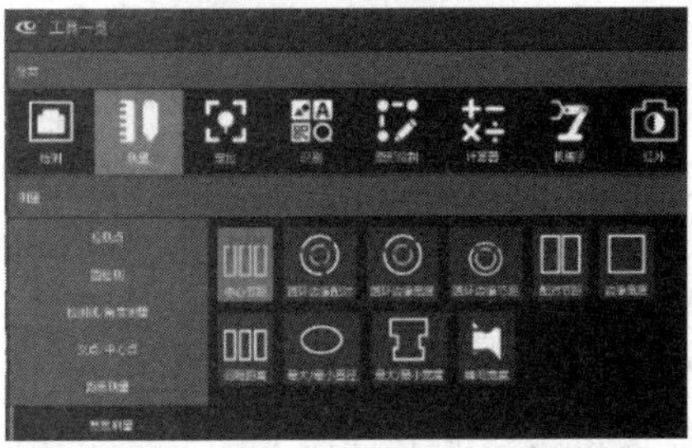 工具一览 计算器

续表

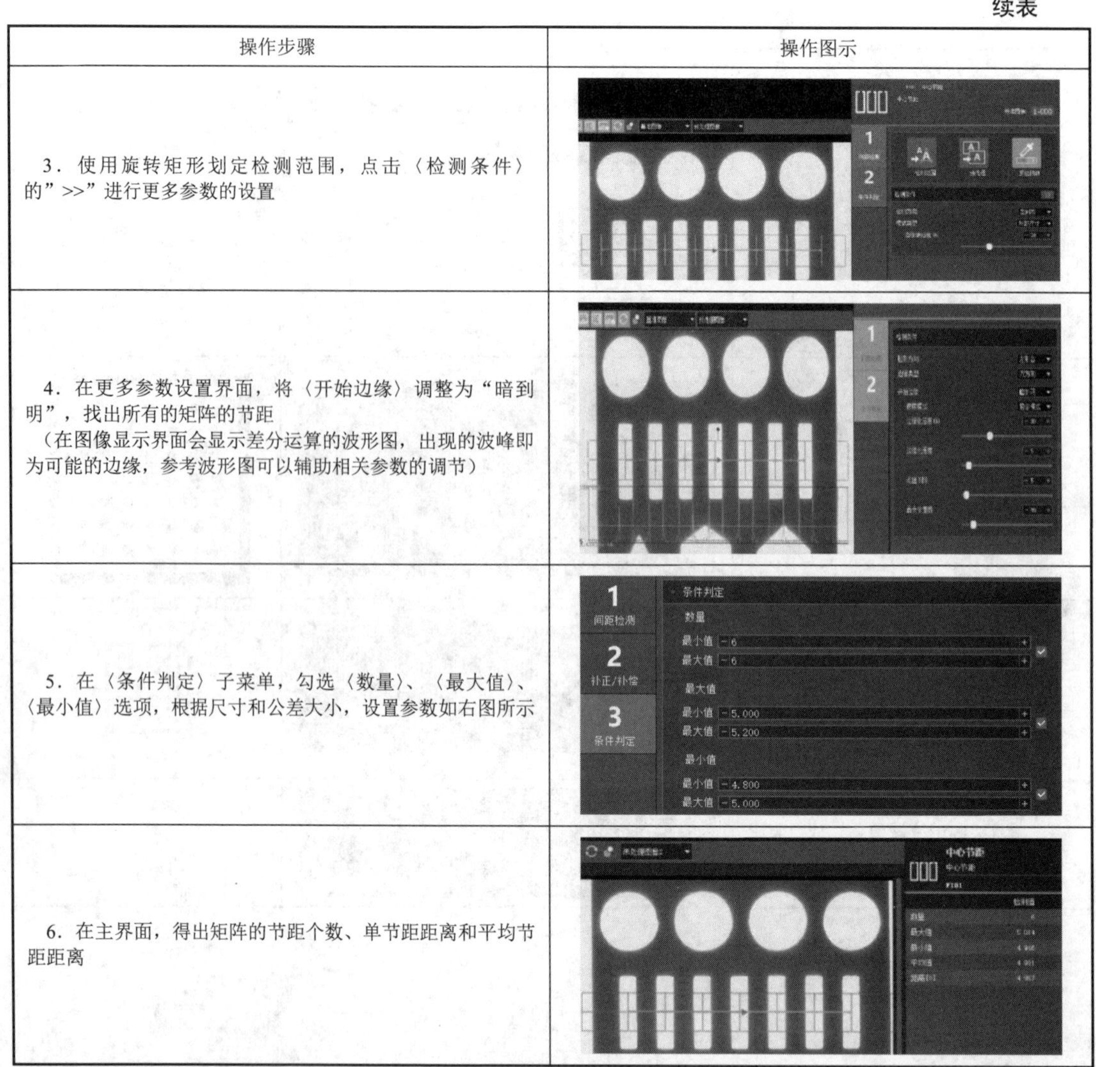

操作步骤	操作图示
3．使用旋转矩形划定检测范围，点击〈检测条件〉的”>>”进行更多参数的设置	
4．在更多参数设置界面，将〈开始边缘〉调整为“暗到明”，找出所有的矩阵的节距 （在图像显示界面会显示差分运算的波形图，出现的波峰即为可能的边缘，参考波形图可以辅助相关参数的调节）	
5．在〈条件判定〉子菜单，勾选〈数量〉、〈最大值〉、〈最小值〉选项，根据尺寸和公差大小，设置参数如右图所示	
6．在主界面，得出矩阵的节距个数、单节距距离和平均节距距离	

7.6.3　课堂考核

1．使用〈测量〉功能〈宽度测量〉子项下的〈间隔距离〉工具，测量圆形阵列的平均圆直径；

2．实现正六边形、正五边形和正三角形的间距测量。

7.7　字 符 识 别

7.7.1　实验原理

光学字符识别的应用场景十分广泛，几乎涉及生产生活的各个行业（见图 7-37）。在食品加工行业中，根据法律规定正确如实打码生产日期十分必要。打错日期或者打印内容缺损或不可辨认的产品均不可投入市场。因此使用 100% 可靠高效的方式检查产品必不可少。在汽车制造行业，小到一颗螺丝，大到一台发动机，都会按照行业标准进行打码或字符标识，便于后期产品质量问题的追溯，为生产管理与售后服务提供保障，其重要性不言而喻。

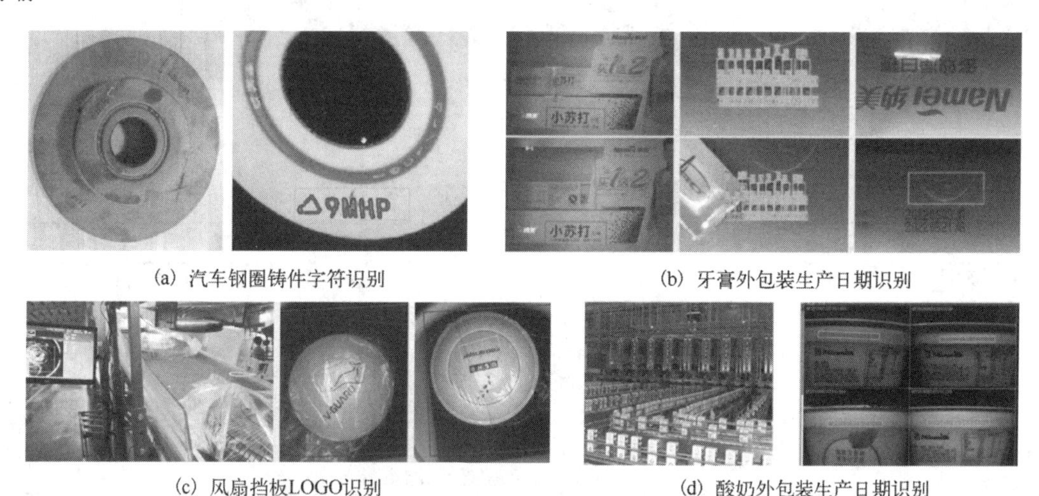

(a) 汽车钢圈铸件字符识别　(b) 牙膏外包装生产日期识别

(c) 风扇挡板LOGO识别　(d) 酸奶外包装生产日期识别

图 7-37　字符识别应用案例

字符识别是通过图像处理技术将印刷文字、数字或字母从背景中提取出来，转换成计算机可以接受、人可以理解的格式。字符识别的处理流程图见图 7-38。

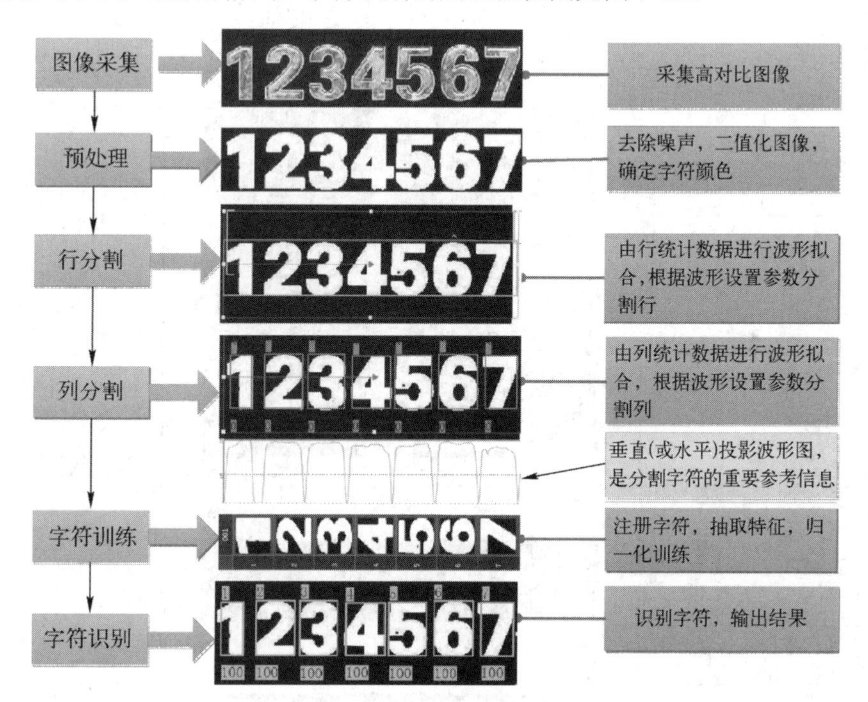

图 7-38　字符识别处理流程图

7.7.2　实验内容及步骤

实现图 7-39 所示铭牌的字符分割。操作步骤见表 7-7。

ABCDEFG

图 7-39

表 7-7　字符识别操作步骤

字符识别实验		
步骤	图示操作	说明
1．安装相机光源，调节相关参数，采集图像		
2．添加〈字符识别〉，使用旋转矩形针对字符区域绘制检测范围；点击〈基础设定〉界面，将〈字符颜色〉选定为“黑色”		（1）在划定检测范围时，可相对字符区域适当画大些，方便后面的行定位分割 （2）〈字符颜色〉根据实际情况设定
3．行分割：点击〈行定位〉界面下的“>>”，进入关于行分割的更多参数设置界面，将行高度设置为60%，行高下限设置为 10%，行分割阈值为 60，其他参数不变，分割出正确的行高度		（1）行定位确定字符的整体高度，通过对每行的灰度数据统计后进行波形拟合； （2）行高度控制拟合的波形图 （3）波形阈值和行高下限确定最终的行高
4．列分割：点击〈字符定位〉界面下的“>>”，进入关于列分割的更多参数设置界面，将字符宽度设置为 15%，字符宽度下限设置为10%，行分割阈值为 60，倾斜角度设置为 10，其他参数不变，将各个字符正确分割出来		（1）字符定位确定字符的宽度，通过对每列的灰度数据统计后进行波形拟合 （2）字符宽度的设置不要低于实际的字符宽度，它影响着拟合的波形图 （3）波形阈值和字符宽度下限确定最终的字符宽度 （4）倾斜角度可针对具体的字符形态进行设定
5．字符训练：点击〈训练〉界面下的“注册”按钮，在弹出的注册字符对话框中选择“批量注册”，在〈字符训练内容〉一栏填入字符“ABCDEFG”后点击“注册”；此时可以在注册字符对话框中看到分割后的字符集，点击“保存”按钮，退出设置界面		
6．退回主界面后，可以看到最终的识别结果		在显示界面检测范围上方显示了识别的字符；下方显示了最终的识别率

7.7.3 课堂考核

1. 请同学们课后详细了解一维码、二维码和字符识别的基本原理；
2. 简述字符识别流程；
3. 自行准备条形码和二维码素材，对图书条码，微信二维码等进行识别；

7.8 机器人视觉引导应用

7.8.1 实验原理

工业机器人具有重复精度高、可靠性好、适用性强等优点，广泛应用于汽车、机械、电子、物流等行业，是智能制造领域不可或缺的帮手，助推了相关行业生产过程的无人化、智能化、高效化。但现阶段的工业生产线上，工件只能以固定的姿态提前摆放在固定的位置，机器人实现点对点的固定抓取，这种装配模式很难满足复杂的工业生产要求且效率低下。一旦工作环境或目标对象发生变化，机器人便不能及时调整适应，从而导致任务失败，严重限制了工业机器人的灵活性和工作效率。以相机作为机器人的“眼睛”，协助机器人对外部环境进行感知，进而引导机器人更加灵活地实现任务，是当前机器视觉在工业应用中又一个成熟的应用方向。如在电机生产环节，通过视觉定位定子的圆形端面，引导机器人对随机摆放的定子进行抓取上料（见图 7-40）；在电动钻生产环节，通过视觉引导机器人对多个安装孔进行锁螺丝操作（见图 7-41）。

图 7-40　电机转子的视觉引导抓取与装配

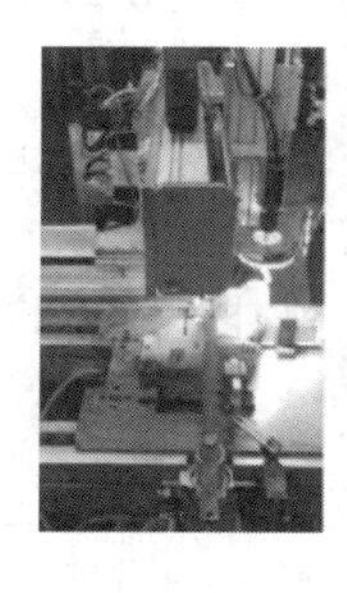

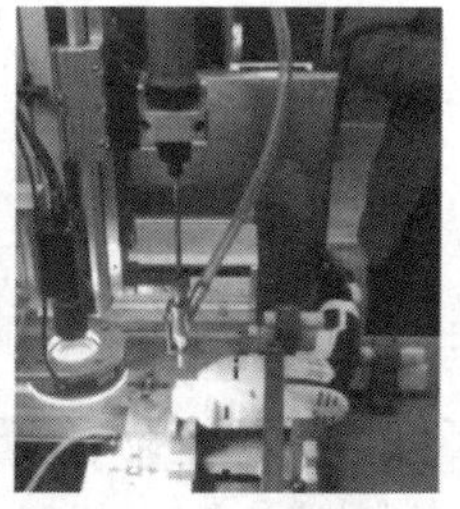
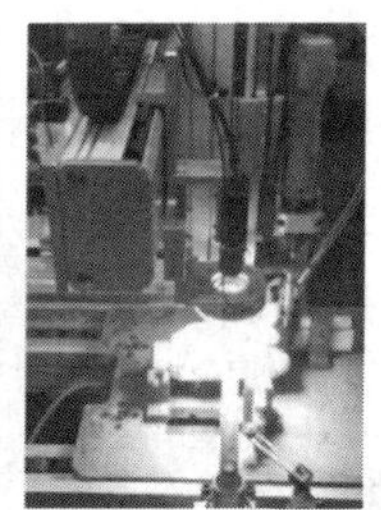

图 7-41　视觉引导机械手锁螺丝

视觉作为机器人的“眼睛”，通过机器人手眼标定，建立三维空间坐标系的物点到二维图像坐标系中像点的映射关系，进而辅助机器人完成抓取、搬运等工作。按照相机和机器人的位置关系划分，手眼标定分为两种情况（见图 7-42）：相机放置在固定位置，与机器人分开，这种情况下的标定称为“eye-to-hand”方式；相机固定在机器人上，这种情况下的标定称为“eye-in-hand”方式；两种情况的标定原理是一致的，只是标定流程有所区别。

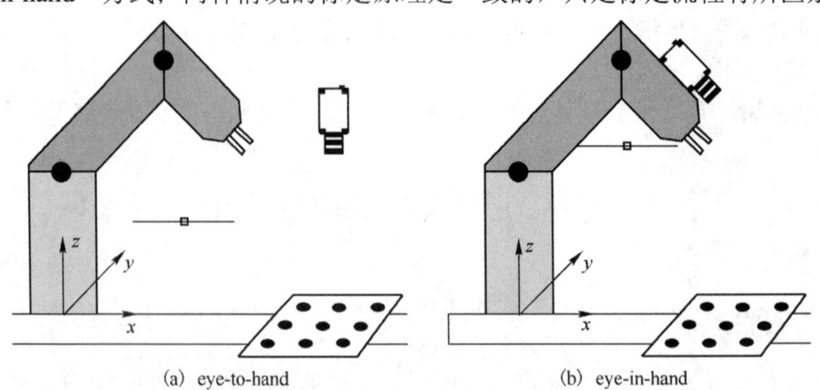

(a) eye-to-hand　　(b) eye-in-hand

图 7-42　手眼标定方式

求取图像像素坐标与机械手坐标的转换矩阵常用九点标定法实现，结合汇萃智能的 HC-AI-G200 人工智能实训平台（见图 7-43），可方便地实现手眼标定。针对 eye-in-hand 情况，通过在同一高度下机械手带着相机移动 9 个点（P_1～P_9），并拍摄 9 张图像，获取 9 张图像中同一特征的像素坐标（$pixel_1$～$pixel_9$），然而 P_1～P_9 点是机械手执行末端的坐标而不是相机在机械手坐标系下的坐标，无法直接求取；由于相机和机械手末端为刚性连接，通过旋转至少 3 个点对，记录像素坐标 $Pixel_{10}$～$pixel_{12}$ 和对应的机械手角度 Rz_1～Rz_3，加入到转换矩阵计算过程中，即可获得机械手执行末端与像素坐标间的转换关系；而对于 eye-to-hand 情况，标定方式则是通过机械手带动工件平移和旋转，记录工件同一特征点的像素坐标对应的机械手的物理坐标和旋转角度。

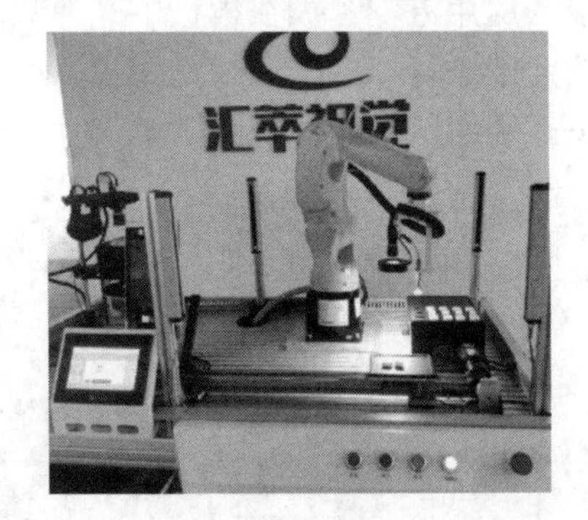

图 7-43　HC-AI-G200 人工智能实训平台

7.8.2　实验步骤

1．手眼标定

（1）机械手运动到拍摄点，命名为“Camera_ShotPos”，将圆块置于视野下，采集清晰图像并注册；

（2）添加〈轮廓有无〉工具和〈检测圆〉工具，设置相关参数，找到圆轮廓和圆心，并将〈轮廓有无〉工具名称修改为“圆轮廓”（见图 7-44）；在〈条件设置〉中将〈检测圆〉工具的运行设置为依赖于〈圆轮廓〉的“OK”状态；在〈位置补正〉中将〈圆轮廓〉工具设置为补正源，补正〈检测圆〉工具；

图 7-44　视觉工具名称修改

（3）在〈实用功能〉中加载〈机械手标定〉功能，点击“添加”，CCD 位置选择为“手部”，校正方法选择为“手动校正”（见图 7-45），点击“确定”；

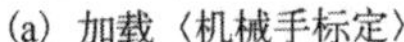

(a) 加载〈机械手标定〉

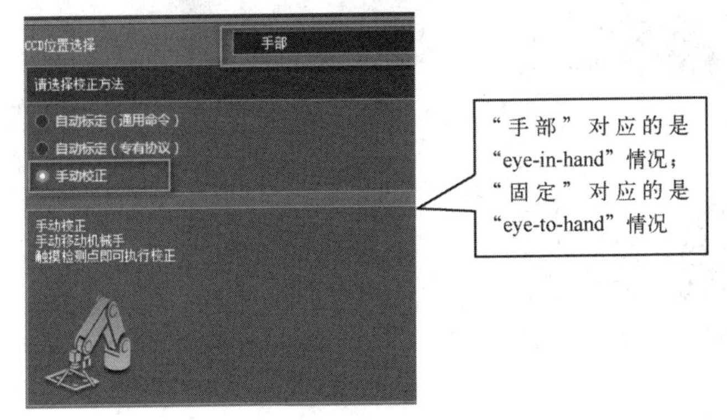

(b) 标定方法选择界面

图 7-45

（4）在〈设置检测工具〉界面下选择〈检测圆〉工具获取的像素坐标（即圆心坐标）作为九点标定的像素坐标（见图 7-46）；

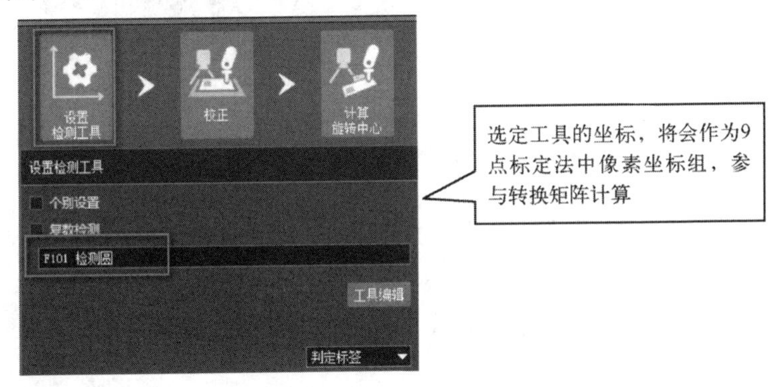

图 7-46　设置检测工具界面

（5）点击〈校正〉，进入样本点输入界面（见图 7-47），点击“添加检测”，样本点输入界面会自动将检测到的圆块中心像素坐标记录到“视觉 x”和“视觉 y”目录下；切换到机械手控制软件的示教界面，将当前的机械手坐标记录下来，并输入到样本点输入界面的“机械手 x”和“机械手 y”目录下；移动机械手，采集图像，再次更新记录视觉坐标和机械手坐标，直到完成 9 组数据对的记录；

（6）点击〈计算旋转中心〉，将机械手运动到“Camera_ShotPos”点，将 CCD 位置选择为“R”轴（见图 7-48），点击“添加检测”，自动添加像素坐标，并将机械手 x、y 坐标输入到“机械手 x”、“机械手 y”目录下；点击机械手示教界面操作面板上的旋转轴 C，在当前角度σ下增加 10°（如果检测对象超出视野，可适当减小旋转的角度），点击“添加检测”，自动添加像素坐标，并将机械手当前角度输入到“机械手 Rz”目录下；将机械手角度旋转为（σ-10）度，在样本列表下自动录入像素坐标，并将当前机械手角度输入到“机械手 Rz”目录下；

（7）点击界面下方的〈校正〉按钮，在〈校正信息〉中可查看计算出来的转换矩阵以及相关的误差信息（见图 7-49）；

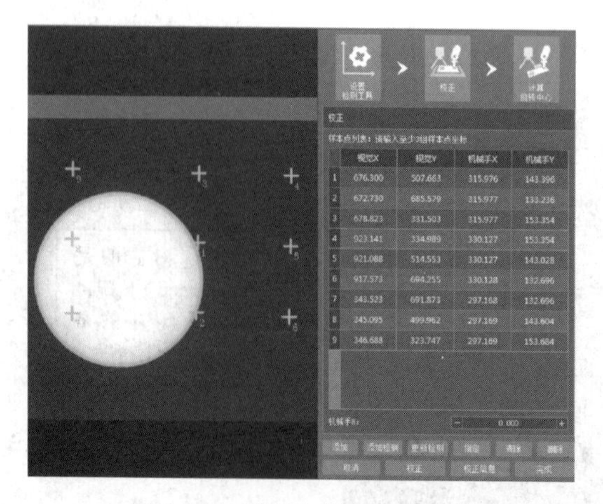

图 7-47 〈校正〉样本点输入界面

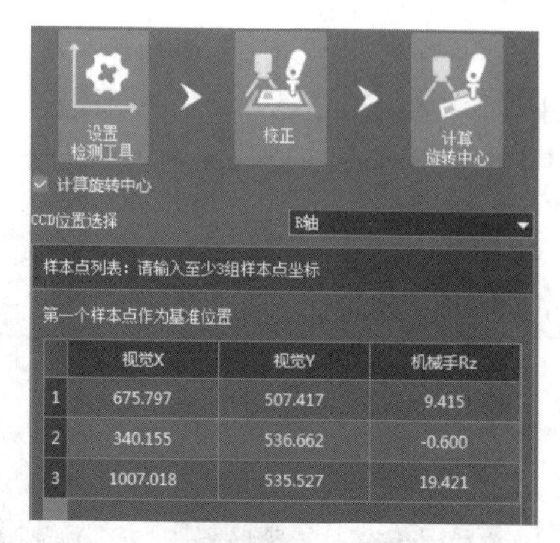

图 7-48 〈计算旋转中心〉样本点输入界面

通过校正误差下的X距离和Y距离误差数据可以大致评估下标定的准确度，如果这些数据的绝对值在0.1附近，可认为标定是准确的；如果某个数据异常，那么标定是失败的

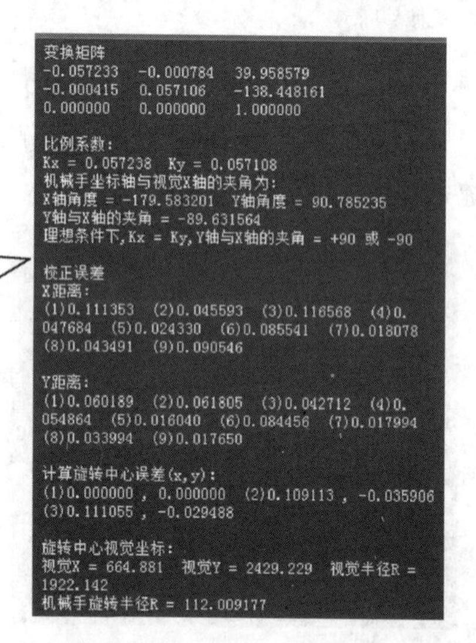

图 7-49 校正信息报告

2. 机械手抓取

（1）点击〈功能追加〉，在〈机械手〉功能下双击加载〈一台 CCD 的抓取〉工具，并将名称修改为“圆抓取”；

（2）在弹出的设置界面中，点击〈选择校正〉，在〈校正数据〉栏选择标定数据，在〈动作方向〉栏选择〈检测圆〉工具，将获取的圆心位置作为抓取点（见图 7-50）；

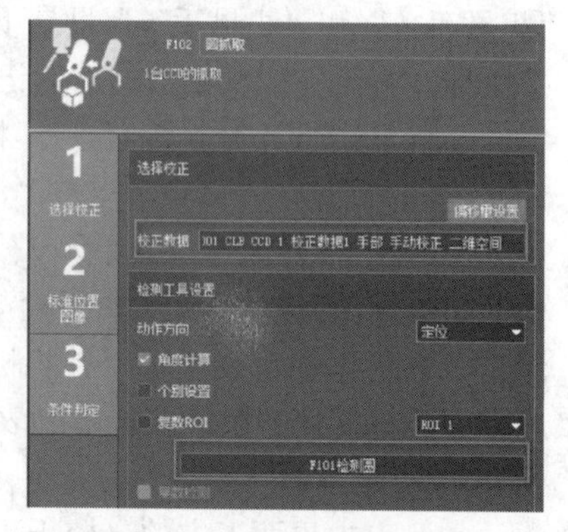

图 7-50 〈选择矫正〉设置界面

（3）点击〈标准位置图像〉，勾选〈计算旋转偏移量〉，移动机械手，慢慢靠近圆块，使吸盘中心尽量与圆块中心吻合，记录机械手坐标 x、y、c，分别填入工件位置坐标 x、y、Rz，然后将机械手运动到“Camera_ShotPos”点，将“Camera_ShotPos”点的 x、y、z 坐标填入对应的拍摄位置坐标下；在〈标准位置图像〉栏中点击“注册图像”，最后点击〈注册〉，完成后机械手抓取工具的

设置（见图 7-51）；

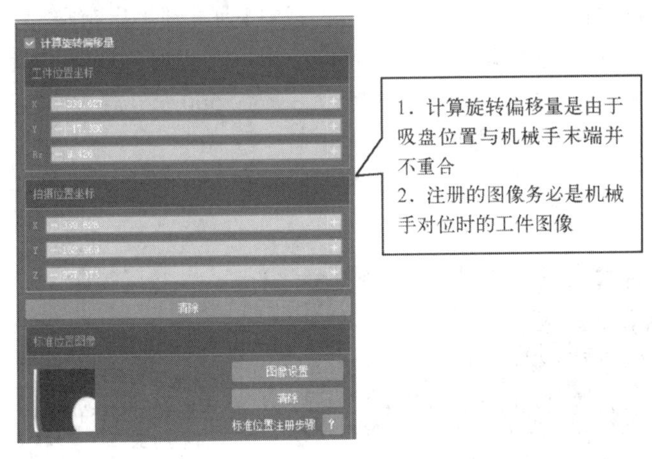

图 7-51 〈标准位置图像〉设置界面

（4）参数设置完成后点击“确定”，在主界面可以看到计算出的圆块中心在机械手坐标系下的坐标以及吸盘与圆块中心的偏移坐标（见图 7-52），根据给出的机械手坐标，移动机械手，验证是否能够运动到圆块中心；

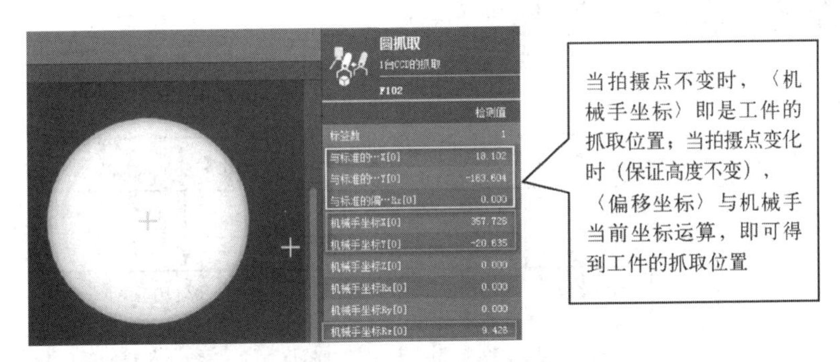

图 7-52 机械手抓取信息

（5）按照以上方法，添加〈轮廓有无〉工具，先检测方块有无，然后使用〈块状物重心〉工具获取其中心，使用〈检测线〉工具获取角度，再两次加载〈一台 CCD 的抓取〉工具获取方块在机械手坐标系下的位置信息；图 7-53 展示了实现方块抓取的工具的加载流程图，图 7-54 展示了〈选择校正〉界面使用〈个别设置〉将不同工具的信息传入计算的过程；

图 7-53 工具加载流程图

（6）按照（5）中的操作流程，加载工具，实现六边形的抓取；

3．整理次序，输出信息，执行视觉引导抓取动作

（1）添加〈计算器〉工具，对输出的信息进行逻辑编程；

（2）配置网络（见图 7-55），将计算信息作为最终结果输出；

- 在配置网络 IP 时，可选择将视觉处理器作为客户端或服务器；
- 当视觉处理软件作为客户端时，通信对方端口为机械手指定端口；
- 要保证通信双方的 IP 地址处于同一网段，根据实际情况设置 IP 地址，例如，视觉作为服务器的 IP 地址为 192.168.0.100，端口为 8500，机器人作为客户端的 IP 地址为 192.168.0.1（保持与服务器同网段），端口一致；
- 机械手接收数据的格式可根据实际情况设置自定义帧头、帧尾、分隔符、数据有效位数等；

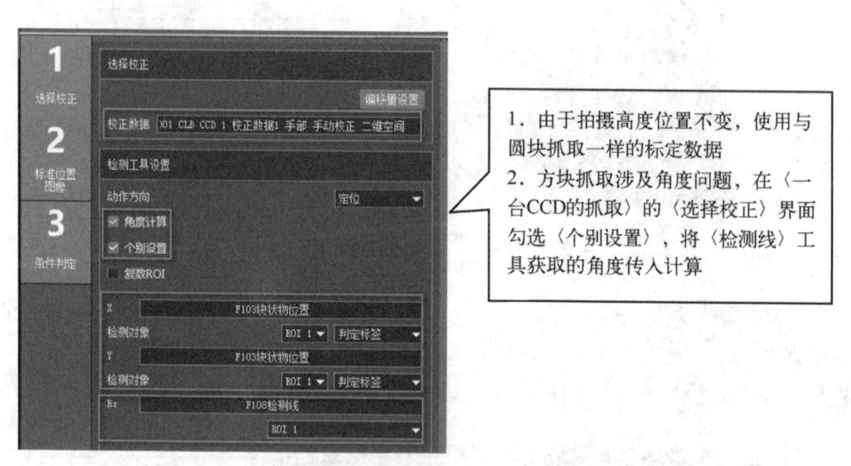

图 7-54　机械手工具〈选择校正〉参数设置

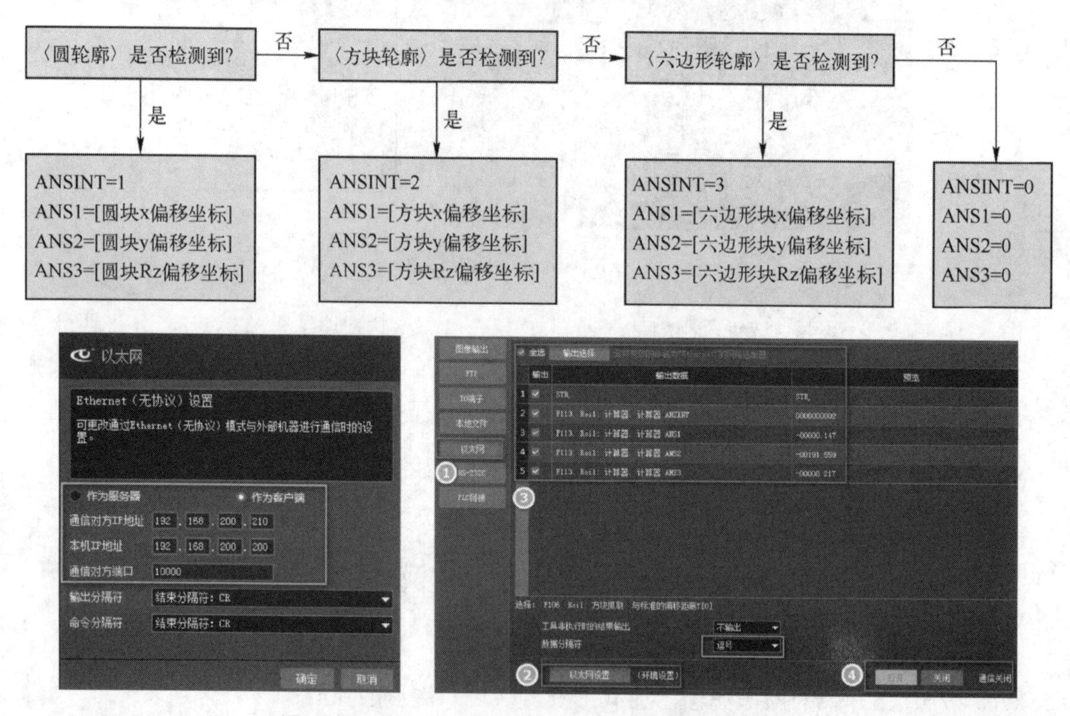

图 7-55　网络配置界面及以太网信息输出配置流程

（3）设置工具间的补正关系和条件执行依赖关系；

（4）设置 IO 触发信号，由机械手给出 IO 信号控制视觉工具的执行；

（5）编写机械手抓取程序，下载代码，执行程序。

7.8.3 课堂考核

1. 请同学们课后详细了解机械手标定的基本原理；
2. 简述机械手标定的流程；
3. 简述标定中“计算旋转中心”的作用；
4. 请同学们思考如果抓取的产品为方形，如何将产品的角度转换为机械手的角度？

参考文献

[1] Krzysztof Okarma, Marek Grudzinski. The 3D scanning system for the machine vision based positioning of workpieces on the CNC machine tools[C]// International Conference on Methods & Models in Automation & Robotics, 2012.

[2] Husaini, A.B., Izzat, Ghazali, Zahurin, et al. Development of Machine Vision Positioning System of Magnetorheological Fluid (MRF) Actuator[J]//Applied Mechanics & Materials, 2013.

[3] Franci Lahajnar, Stanislav Kovacic. Machine vision system for positioning and part verification of gas oil filters based on eigenimages[C]// Proceedings of SPIE -The International Society for Optical, 2000.

[4] Mamoona Arshad, Sajid Ullah Butt, Aamer Ahmed Baqai. Optimization of Locators Placement for Minimum Workpiece Positioning Error[C]// International Conference, 2017.

[5] 罗志安．机器视觉：新兴的自动化市场[DB/OL]．中国视觉网，www.china-vision. Net

[6] 张红霞．国内外工业机器人发展现状与趋势研究[J]．电子世界，2013(12):5-5.

[7] 王运哲．机器视觉系统的设计方法[J]．现代显示，011，130:24-27.

[8] 周济，智能制造是"中国制造 2025"主攻方向[J]．装备制造与教育，2016(30):15-16.

[9] 陆文佳．工业 4.0 时代智能制造新模式的思考与探索 [J]．企业科技与发展，2016，（7）:28-30，37.

[10] 杜根远，张火林编著，信息技术概论[M]，武汉大学出版社，2015.09，第 222 页

[11] 周功耀，罗军编著，3D 打印基础教程[M]，人民东方出版社，2016.02，第 252 页

[12] 中国棉纺织行业协会编，中国棉纺织行业 2015 年度发展研究报告，中国纺织出版社，2016.06，第 102 页

[13] 李玉梅，兰文飞，苗圩．中国制造 2025：建设制造强国的行动纲领．《VIP》，2015

[14] 苗圩．中国制造 2025：建设制造强国的行动纲领．《理论参考》，2015

[15] 雒泽华．国务院印发《中国制造 2025》：攀登中高端．《VIP》，2015

[16] 屈贤明．《中国制造 2025》及其对制造行业未来发展的深远影响．《CNKI》，2016

[17] 秦伟．新国策：中国制造 2025—《中国制造 2025》绘就制造强国宏伟蓝图．《装备制造》，2015

[18] 章坚武编著，移动通信（第六版）[M]，西安电子科技大学出版社，2020 年 10 月

[19] 陈翠，廖镭鸣．基于 5G 的工业智能化云系统[J]．移动通信，2020

[20] 余明明，沈洲．5G 技术在工业互联网中的应用探索[J]．电信快报，2020

[21] 廖欣君，沈海兵．机器视觉产业深度报告：5G 工业的“眼睛”[R]．天风证券，2020.

[22] 师伟伦．5G 无线通信技术概念及其应用[J]．科学大众，2020(2):53-53.

[23] 韩九强．机器视觉技术及应用[M]．高等教育出版社，2009

[24] 尤肖虎，潘志文，高西奇，等．5G 移动通信发展趋势与若干关键技术[J]．中国科学：信息科学，2014，44(5):551-563.

[25] Kumar P ， Sharma J K . 5G Technology of Mobile Communication[J]. International Journal of Electronics & Computer Science Engineering，2013, 2(4).

[26] 汪丁鼎 许光斌 丁巍 汪伟 徐辉编著，5G 无线网络技术与规划设计[M]，人民邮电出版社，2019 年 8 月

[27] 魏博文．5G 移动通信发展趋势与若干关键技术分析[J]．数字技术与应用，2017, 000(011):23-23.

[28] Osseiran A，Monserrat J F，Marsch P，et al. 5G Mobile and Wireless Communications Technology: Frontmatter. 2016.

[29] 周一青，潘振岗，翟国伟，等．第五代移动通信系统 5G 标准化展望与关键技术研究[J]．数据采集与处理，2015(04):714-724.

[30] Poor, Vincent H, Liu, et al. Application of Non-Orthogonal Multiple Access in LTE and 5G Networks[J]. IEEE Communications Magazine: Articles, News, and Events of Interest to Communications Engineers, 2017.

[31] 李子姝，谢人超，孙礼，等．移动边缘计算综述[J]．电信科学，2018，34(001):87-101.

[32] 吕华章，陈丹，范斌，等．边缘计算标准化进展与案例分析[J]．计算机研究与发展，2018，v.55(03):43-67

[33] 俞一帆，任春明，阮磊峰，等．移动边缘计算技术发展浅析[J]．电信网技术，2016, 000(011):46-48.

[34] 施巍松，孙辉，曹杰，等．边缘计算：万物互联时代新型计算模型[J]．计算机研究与发展，2017(5).

[35] 田辉，范绍帅，吕昕晨，等．面向 5G 需求的移动边缘计算[J]．北京邮电大学学报，2017(02):1-10.

[36] 雄卡．图像处理、分析与机器视觉[M]．清华大学出版社，2011.

[37] Carsten Steger, Markus Ulrich, Christian Wiedemann．机器视觉算法与应用 (Jīqì Shìjué Suànfǎ Yǔ Yìngyòng — Machine Vision Algorithms and Applications)．2008.

[38] Wesley E. Snyder, Hairong Qi, 林学．机器视觉教程[M]．机械工业出版社，2005.

[39] 韩九强．机器视觉技术及应用[M]．高等教育出版社，2009.

[40] 施特格，乌尔里希，维德曼杨少荣，等．机器视觉算法与应用：双语版[M]．清华大学出版社，2008.

[41] 张铮，王艳平，薛桂香．数字图像处理与机器视觉[M]．人民邮电出版社，2010.

[42] 张铮．数字图像处理与机器视觉．第 2 版[M]．人民邮电出版社，2014.

[43] 周浩，万旺根．边缘计算系统的任务调度策略[J]．电子测量技术，2020, v.43;No.341(09):104-108.

[44] 陈晓江，伍江瑶，沈桂泉，等．具备边缘计算功能的新型智能集中器架构设计[J]．电力系统及其自动化学报，2020, v.32;No.196(05):104-109.

[45] 喻国明，李凤萍．5G 时代的传媒创新：边缘计算的应用范式研究[J]．山西大学学报（学社会科学版）2020(1).

[46] 宋纯贺，武婷婷，徐文想，等．工业互联网智能制造边缘计算模型与验证方法[J]．自动化博览，2020, v.37;No.319(01):55-58.

[47] 马富齐，王波，董旭柱，等．电力视觉边缘智能：边缘计算驱动下的电力深度视觉加速技术[J]．电网技术, 2020, v.44;No.439(06):17-26.

[48] She Q, Shi X , Zhang Y, et al．机器人 4.0 边缘计算支撑下的持续学习和时空智能[J]．Journal of Computer Research and Development, 2020, 57((9)):1854-1863.

[49] 陈燕．多用户移动边缘计算系统的能量管理优化算法研究[D]．东华大学，2020.

[50] 黄冬艳，付中卫，王波．计算资源受限的移动边缘计算服务器收益优化策略[J]．计算机应用，2020, 040(003):765-769.

[51] Higginbotham S . What 5G hype gets wrong - [Internet of Everything][J]. IEEE Spectrum, 2020, 57(3):22-22.

[52] CV-X Series Users Manual[M]. Osaka,Japan: KEYENCE,2017